やりきれるから自信がつく!

☑ 1日1枚の勉強で, 学習習慣が定着!

◎目標時間に合わせ, 無理のない量の問題数で構成されているので,
「1日1枚」やりきることができます。

◎解説が丁寧なので, まだ学校で習っていない内容でも勉強を進めることができます。

☑ すべての学習の土台となる「基礎力」が身につく!

◎スモールステップで構成され, 1冊の中でも繰り返し練習していくので,
確実に「基礎力」を身につけることができます。「基礎」が身につくことで, 発
展的な内容に進むことができるのです。

◎教科書に沿っているので, 授業の進度に合わせて使うこともできます。

☑ 勉強管理アプリの活用で, 楽しく勉強できる!

◎設定した勉強時間にアラームが鳴るので, 学習習慣がしっかりと身につきます。

◎時間や点数などを登録していくと, 成績がグラフ化されたり,
賞状をもらえたりするので, 達成感を得られます。

◎勉強をがんばると, キャラクターとコミュニケーションを
取ることができるので, 日々のモチベーションが上がります。

学研 毎日のドリルの 使い方

1 1日1枚, 集中して解きましょう。

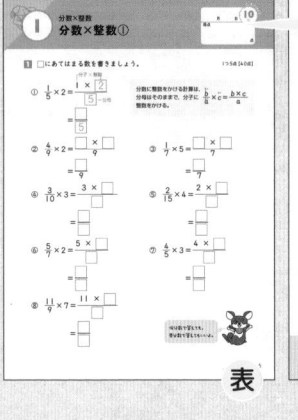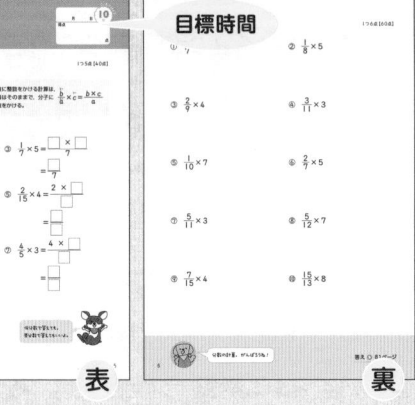

表

裏

◎1回分は, 1枚 (表と裏) です。

1枚ずつはがして使うこともできます。

◎目標時間を意識して解きましょう。

アプリのストップウォッチなどで, かかった時間をはかるとよいです。

・巻末の「まとめテスト」で, この本の内容が身についたか確認できます。

2 答え合わせをしましょう。

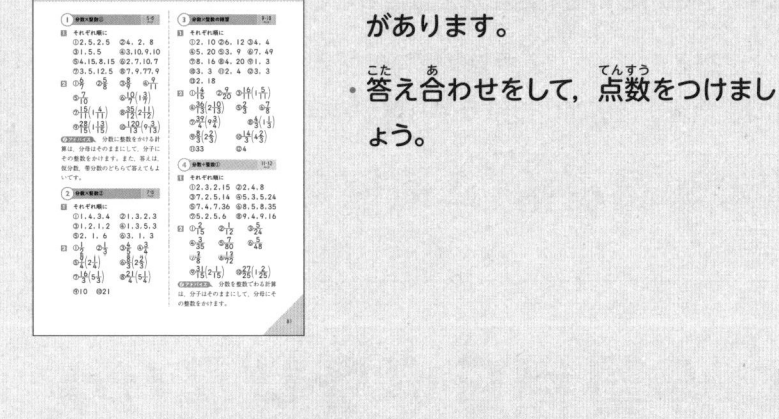

・本の最後に, 「答えとアドバイス」があります。

・答え合わせをして, 点数をつけましょう。

> できなかった問題を解き直すと、より力がつくよ!

3 アプリに得点を登録しましょう。

・アプリに得点を登録すると, 成績がグラフ化されます。

・勉強すると, キャラクターが育ちます。

♪ 毎日のドリル ♪ 勉強管理アプリ

「毎日のドリル」シリーズ専用、スマートフォン・タブレットで使える無料アプリです。1つのアプリでシリーズすべてを管理でき、学習習慣が楽しく身につきます。

1 「毎日のドリル」の学習を徹底サポート！

目標時間を意識しよう！

- 毎日の勉強タイムをお知らせする「タイマー」
- かかった時間を計る「ストップウォッチ」
- 勉強した日を記録する「カレンダー」
- 入力した得点を「グラフ化」

勉強中
0分20秒
目標：15分00秒
⏱ストップ！

2 キャラクターと楽しく学べる！

好きなキャラクターを選ぶことができます。勉強をがんばるとキャラクターが育ち、「ひみつ」や「ワザ」が増えます。

さかだちは とくいだ

3 1冊終わると、ごほうびがもらえる！

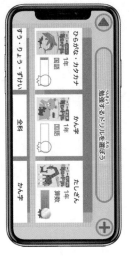

ドリルが1冊終わるごとに、賞状やメダル、称号がもらえます。

これは やる気が でるッぴ！

4 漢字と英単語のゲームにチャレンジ！

自己ベスト更新を目指そう！

ゲームで、どこでも手軽に、楽しく勉強できます。漢字は学年別、英単語はレベル別に構成されており、ドリルで勉強した内容の確認にもなります。

漢字のよみがなを当てよう
0分01秒

川	正	四	出
かわ	しゅつ	よん	せい

アプリの無料ダウンロードはこちらから！
https://gakken-ep.jp/extra/maidori

【推奨環境】
■各種Android端末：対応OS Android6.0以上。
■各種iOS（iPadOS）端末：対応OS iOS10以上。
※対応OSであってもIntel CPU（x86 Atom）搭載の端末では正しく動作しない場合があります。※対応OSや対応機種については、各ストアでご確認ください。
※お客様のネット環境および携帯端末によりアプリをご利用できない場合は、当社は責任を負いかねますので、ご了承いただけますよう、お願いいたします。

1 分数×整数①

1 □にあてはまる数を書きましょう。

1つ5点【40点】

① $\dfrac{1}{5} \times 2 = \dfrac{1 \times \boxed{2}}{\boxed{5}}$ ┌分子×整数 ┐ ←分母

$= \dfrac{\boxed{}}{\boxed{5}}$

分数に整数をかける計算は、分母はそのままで、分子に整数をかける。

$$\dfrac{b}{a} \times c = \dfrac{b \times c}{a}$$

② $\dfrac{4}{9} \times 2 = \dfrac{\boxed{} \times \boxed{}}{9}$

$= \dfrac{\boxed{}}{9}$

③ $\dfrac{1}{7} \times 5 = \dfrac{\boxed{} \times \boxed{}}{7}$

$= \dfrac{\boxed{}}{7}$

④ $\dfrac{3}{10} \times 3 = \dfrac{3 \times \boxed{}}{\boxed{}}$

$= \dfrac{\boxed{}}{\boxed{}}$

⑤ $\dfrac{2}{15} \times 4 = \dfrac{2 \times \boxed{}}{\boxed{}}$

$= \dfrac{\boxed{}}{\boxed{}}$

⑥ $\dfrac{5}{7} \times 2 = \dfrac{5 \times \boxed{}}{\boxed{}}$

$= \dfrac{\boxed{}}{\boxed{}}$

⑦ $\dfrac{4}{5} \times 3 = \dfrac{4 \times \boxed{}}{\boxed{}}$

$= \dfrac{\boxed{}}{\boxed{}}$

⑧ $\dfrac{11}{9} \times 7 = \dfrac{11 \times \boxed{}}{\boxed{}}$

$= \dfrac{\boxed{}}{\boxed{}}$

仮分数で答えても、帯分数で答えてもいいよ。

2 計算をしましょう。

① $\dfrac{3}{7} \times 2$

② $\dfrac{1}{8} \times 5$

③ $\dfrac{2}{9} \times 4$

④ $\dfrac{3}{11} \times 3$

⑤ $\dfrac{1}{10} \times 7$

⑥ $\dfrac{2}{7} \times 5$

⑦ $\dfrac{5}{11} \times 3$

⑧ $\dfrac{5}{12} \times 7$

⑨ $\dfrac{7}{15} \times 4$

⑩ $\dfrac{15}{13} \times 8$

分数の計算，がんばろうね！

答え ▶ 81ページ

分数×整数②

1 □にあてはまる数を書きましょう。

1つ5点【30点】

① $\dfrac{3}{8} \times 2 = \dfrac{3 \times \overset{1}{2}}{\underset{4}{8}}$ ┐計算のとちゅうで約分できるときは、
約分すると計算が簡単になる。

$= \dfrac{3}{4}$

② $\dfrac{2}{9} \times 3 = \dfrac{2 \times \overset{\square}{3}}{\underset{\square}{9}}$

$= \dfrac{\square}{\square}$

③ $\dfrac{1}{10} \times 5 = \dfrac{1 \times \overset{\square}{5}}{\underset{\square}{10}}$

$= \dfrac{\square}{\square}$

④ $\dfrac{5}{6} \times 2 = \dfrac{5 \times \overset{\square}{2}}{\underset{\square}{6}}$

$= \dfrac{\square}{\square}$

⑤ $\dfrac{3}{4} \times 8 = \dfrac{3 \times \overset{\square}{8}}{\underset{\square}{4}}$

$= \square$ ← 分母が1の
分数は整数。

⑥ $\dfrac{1}{3} \times 9 = \dfrac{1 \times \overset{\square}{9}}{\underset{\square}{3}}$

$= \square$

約分のし忘れに
気をつけよう！

7

2 計算をしましょう。

① $\dfrac{1}{8} \times 4$

② $\dfrac{1}{6} \times 2$

③ $\dfrac{2}{15} \times 6$

④ $\dfrac{3}{16} \times 4$

⑤ $\dfrac{3}{8} \times 6$

⑥ $\dfrac{2}{9} \times 12$

⑦ $\dfrac{4}{15} \times 20$

⑧ $\dfrac{7}{12} \times 9$

⑨ $\dfrac{5}{7} \times 14$

⑩ $\dfrac{7}{4} \times 12$

アプリに得点を登録しよう！

答え ▶ 81ページ

③ 分数×整数の練習

月　日
得点

点

15分

---

1 □にあてはまる数を書きましょう。

1つ4点【52点】

① $\dfrac{5}{11} \times 2 = \dfrac{5 \times \boxed{}}{11} = \dfrac{\boxed{}}{11}$

② $\dfrac{2}{13} \times 6 = \dfrac{2 \times \boxed{}}{13} = \dfrac{\boxed{}}{13}$

③ $\dfrac{1}{7} \times 4 = \dfrac{1 \times \boxed{}}{7} = \dfrac{\boxed{}}{7}$

④ $\dfrac{4}{27} \times 5 = \dfrac{4 \times \boxed{}}{27} = \dfrac{\boxed{}}{27}$

⑤ $\dfrac{3}{5} \times 3 = \dfrac{3 \times \boxed{}}{5} = \dfrac{\boxed{}}{5}$

⑥ $\dfrac{7}{15} \times 7 = \dfrac{7 \times \boxed{}}{15} = \dfrac{\boxed{}}{15}$

⑦ $\dfrac{2}{19} \times 8 = \dfrac{2 \times \boxed{}}{19} = \dfrac{\boxed{}}{19}$

⑧ $\dfrac{5}{21} \times 4 = \dfrac{5 \times \boxed{}}{21} = \dfrac{\boxed{}}{21}$

⑨ $\dfrac{3}{20} \times 4 = \dfrac{3 \times \overset{\boxed{}}{\cancel{4}}}{\underset{5}{\cancel{20}}} = \dfrac{\boxed{}}{5}$

⑩ $\dfrac{1}{10} \times 6 = \dfrac{1 \times \overset{\boxed{}}{\cancel{6}}}{\underset{5}{\cancel{10}}} = \dfrac{\boxed{}}{5}$

⑪ $\dfrac{2}{27} \times 6 = \dfrac{2 \times \overset{\boxed{}}{\cancel{6}}}{\underset{9}{\cancel{27}}} = \dfrac{\boxed{}}{9}$

⑫ $\dfrac{5}{12} \times 8 = \dfrac{5 \times \overset{2}{\cancel{8}}}{\underset{\boxed{}}{\cancel{12}}} = \dfrac{10}{\boxed{}}$

⑬ $\dfrac{9}{10} \times 20 = \dfrac{9 \times \overset{\boxed{}}{\cancel{20}}}{\underset{1}{\cancel{10}}} = \boxed{}$

分子に整数を
かけよう！

① $\dfrac{7}{15} \times 2$

② $\dfrac{3}{20} \times 3$

③ $\dfrac{2}{11} \times 8$

④ $\dfrac{9}{13} \times 4$

⑤ $\dfrac{2}{9} \times 3$

⑥ $\dfrac{7}{40} \times 5$

⑦ $\dfrac{13}{8} \times 6$

⑧ $\dfrac{2}{15} \times 10$

⑨ $\dfrac{4}{27} \times 18$

⑩ $\dfrac{7}{36} \times 24$

⑪ $\dfrac{11}{12} \times 36$

⑫ $\dfrac{2}{25} \times 50$

分数 × 整数の計算は，ばっちりだね！

答え ▶ 81ページ

分数÷整数

分数÷整数①

月　　日　　**10**分

得点

点

1 □にあてはまる数を書きましょう。

1つ5点【40点】

① $\dfrac{2}{5} \div 3 = \dfrac{\boxed{2}}{5 \times \boxed{3}}$ ←分子

分母 × 整数

$= \dfrac{\boxed{2}}{\boxed{15}}$

分数を整数でわる計算は,
分子はそのままで, 分母に
整数をかける。

$$\dfrac{b}{a} \div c = \dfrac{b}{a \times c}$$

② $\dfrac{1}{2} \div 4 = \dfrac{1}{\boxed{} \times \boxed{}}$

$= \dfrac{1}{\boxed{}}$

③ $\dfrac{5}{7} \div 2 = \dfrac{5}{\boxed{} \times \boxed{}}$

$= \dfrac{\boxed{}}{\boxed{}}$

④ $\dfrac{5}{8} \div 3 = \dfrac{\boxed{}}{8 \times \boxed{}}$

$= \dfrac{\boxed{}}{\boxed{}}$

⑤ $\dfrac{7}{9} \div 4 = \dfrac{\boxed{}}{9 \times \boxed{}}$

$= \dfrac{\boxed{}}{\boxed{}}$

⑥ $\dfrac{8}{7} \div 5 = \dfrac{\boxed{}}{7 \times \boxed{}}$

$= \dfrac{\boxed{}}{\boxed{}}$

⑦ $\dfrac{5}{3} \div 2 = \dfrac{\boxed{}}{3 \times \boxed{}}$

$= \dfrac{\boxed{}}{\boxed{}}$

⑧ $\dfrac{9}{4} \div 4 = \dfrac{\boxed{}}{4 \times \boxed{}}$

$= \dfrac{\boxed{}}{\boxed{}}$

分子はそのまま
だね！

① $\dfrac{2}{3} \div 5$

② $\dfrac{1}{4} \div 3$

③ $\dfrac{5}{6} \div 4$

④ $\dfrac{3}{5} \div 7$

⑤ $\dfrac{7}{10} \div 8$

⑥ $\dfrac{5}{8} \div 6$

⑦ $\dfrac{3}{2} \div 4$

⑧ $\dfrac{13}{8} \div 9$

⑨ $\dfrac{31}{5} \div 3$

⑩ $\dfrac{27}{5} \div 5$

今度は，わり算だよ！

答え ▶ 81ページ

5 分数÷整数②

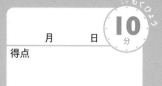

1 □にあてはまる数を書きましょう。

1つ5点【30点】

① $\dfrac{2}{3} \div 4 = \dfrac{\overset{\boxed{1}}{2}}{3 \times \underset{2}{4}}$ ── 計算のとちゅうで約分できるときは、約分すると計算が簡単になる。

$= \dfrac{\boxed{}}{6}$

② $\dfrac{3}{7} \div 6 = \dfrac{\overset{\square}{3}}{7 \times \underset{\square}{6}}$

$= \dfrac{\boxed{}}{\boxed{}}$

③ $\dfrac{9}{10} \div 3 = \dfrac{\overset{\square}{9}}{10 \times \underset{\square}{3}}$

$= \dfrac{\boxed{}}{\boxed{}}$

④ $\dfrac{9}{5} \div 3 = \dfrac{\overset{\square}{9}}{5 \times \underset{\square}{3}}$

$= \dfrac{\boxed{}}{\boxed{}}$

⑤ $\dfrac{8}{3} \div 4 = \dfrac{\overset{\square}{8}}{3 \times \underset{\square}{4}}$

$= \dfrac{\boxed{}}{\boxed{}}$

⑥ $\dfrac{5}{2} \div 10 = \dfrac{\overset{\square}{5}}{2 \times \underset{\square}{10}}$

$= \dfrac{\boxed{}}{\boxed{}}$

約分は，公約数でわっていけばいいよ！

① $\dfrac{3}{5} \div 6$

② $\dfrac{4}{9} \div 4$

③ $\dfrac{6}{7} \div 9$

④ $\dfrac{5}{8} \div 10$

⑤ $\dfrac{4}{11} \div 8$

⑥ $\dfrac{8}{9} \div 20$

⑦ $\dfrac{8}{7} \div 2$

⑧ $\dfrac{9}{8} \div 6$

⑨ $\dfrac{4}{3} \div 8$

⑩ $\dfrac{6}{5} \div 10$

すごい！ よくできているね！

答え ▶ 82ページ

分数÷整数

6 分数÷整数の練習

月　　日　　15 分

得点

点

1 □にあてはまる数を書きましょう。

1つ4点【52点】

① $\dfrac{2}{7} \div 3 = \dfrac{2}{7 \times \boxed{}} = \dfrac{2}{\boxed{}}$

② $\dfrac{9}{11} \div 7 = \dfrac{9}{11 \times \boxed{}} = \dfrac{9}{\boxed{}}$

③ $\dfrac{1}{5} \div 5 = \dfrac{1}{5 \times \boxed{}} = \dfrac{1}{\boxed{}}$

④ $\dfrac{7}{9} \div 2 = \dfrac{7}{9 \times \boxed{}} = \dfrac{7}{\boxed{}}$

⑤ $\dfrac{13}{3} \div 6 = \dfrac{13}{3 \times \boxed{}} = \dfrac{13}{\boxed{}}$

⑥ $\dfrac{17}{8} \div 4 = \dfrac{17}{8 \times \boxed{}} = \dfrac{17}{\boxed{}}$

⑦ $\dfrac{4}{7} \div 8 = \dfrac{\overset{\boxed{}}{\cancel{4}}}{7 \times \underset{2}{\cancel{8}}} = \dfrac{\boxed{}}{14}$

⑧ $\dfrac{10}{13} \div 15 = \dfrac{\overset{\boxed{}}{\cancel{10}}}{13 \times \underset{3}{\cancel{15}}} = \dfrac{\boxed{}}{39}$

⑨ $\dfrac{16}{21} \div 24 = \dfrac{\overset{\boxed{}}{\cancel{16}}}{21 \times \underset{3}{\cancel{24}}} = \dfrac{\boxed{}}{63}$

⑩ $\dfrac{8}{11} \div 20 = \dfrac{\overset{\boxed{}}{\cancel{8}}}{11 \times \underset{5}{\cancel{20}}} = \dfrac{\boxed{}}{55}$

⑪ $\dfrac{9}{5} \div 12 = \dfrac{\overset{3}{\cancel{9}}}{5 \times \underset{\boxed{}}{\cancel{12}}} = \dfrac{3}{\boxed{}}$

⑫ $\dfrac{24}{19} \div 18 = \dfrac{\overset{4}{\cancel{24}}}{19 \times \underset{\boxed{}}{\cancel{18}}} = \dfrac{4}{\boxed{}}$

⑬ $\dfrac{18}{7} \div 27 = \dfrac{\overset{2}{\cancel{18}}}{7 \times \underset{\boxed{}}{\cancel{27}}} = \dfrac{2}{\boxed{}}$

分母に整数をかけよう。

2 計算をしましょう。

① $\dfrac{3}{4} \div 2$

② $\dfrac{7}{11} \div 6$

③ $\dfrac{13}{10} \div 3$

④ $\dfrac{20}{7} \div 9$

⑤ $\dfrac{6}{7} \div 8$

⑥ $\dfrac{10}{11} \div 4$

⑦ $\dfrac{5}{9} \div 10$

⑧ $\dfrac{8}{15} \div 12$

⑨ $\dfrac{12}{17} \div 18$

⑩ $\dfrac{9}{13} \div 15$

⑪ $\dfrac{27}{10} \div 36$

⑫ $\dfrac{32}{25} \div 24$

分数÷整数の計算のしかたが，わかったね！

答え ▶ 82ページ

約分のない分数のかけ算

月　日　　10分

得点

点

1 □にあてはまる数を書きましょう。　　　　　　　　　1つ5点【40点】

① $\dfrac{3}{5} \times \dfrac{2}{7} = \dfrac{3 \times \boxed{2}}{\boxed{5} \times 7}$

┌分子┐　　　　└分母┘

$= \dfrac{\boxed{6}}{\boxed{35}}$

分数に分数をかける計算は，分母どうし，分子どうしをそれぞれかける。

$\dfrac{b}{a} \times \dfrac{d}{c} = \dfrac{b \times d}{a \times c}$

② $\dfrac{2}{3} \times \dfrac{1}{5} = \dfrac{\boxed{} \times 1}{3 \times \boxed{}}$

$= \dfrac{\boxed{}}{\boxed{15}}$

③ $\dfrac{4}{7} \times \dfrac{8}{9} = \dfrac{\boxed{} \times 8}{7 \times \boxed{}}$

$= \dfrac{\boxed{}}{63}$

④ $\dfrac{3}{4} \times \dfrac{7}{5} = \dfrac{\boxed{} \times \boxed{}}{\boxed{} \times \boxed{}}$

$= \dfrac{\boxed{}}{\boxed{}}$

⑤ $\dfrac{5}{3} \times \dfrac{5}{2} = \dfrac{\boxed{} \times \boxed{}}{\boxed{} \times \boxed{}}$

$= \dfrac{\boxed{}}{\boxed{}}$

⑥ $\dfrac{1}{3} \times \dfrac{5}{6} = \dfrac{\boxed{} \times 5}{3 \times \boxed{}}$

$= \dfrac{\boxed{}}{\boxed{}}$

⑦ $\dfrac{2}{9} \times \dfrac{7}{5} = \dfrac{\boxed{} \times 7}{9 \times \boxed{}}$

$= \dfrac{\boxed{}}{\boxed{}}$

⑧ $\dfrac{3}{4} \times \dfrac{3}{5} = \dfrac{\boxed{} \times \boxed{}}{\boxed{} \times \boxed{}}$

$= \dfrac{\boxed{}}{\boxed{}}$

分母と分子をまちがえないようにしよう！

① $\dfrac{4}{5} \times \dfrac{2}{3}$

② $\dfrac{2}{3} \times \dfrac{2}{3}$

③ $\dfrac{5}{8} \times \dfrac{1}{4}$

④ $\dfrac{3}{4} \times \dfrac{5}{7}$

⑤ $\dfrac{5}{6} \times \dfrac{7}{8}$

⑥ $\dfrac{1}{7} \times \dfrac{3}{5}$

⑦ $\dfrac{3}{5} \times \dfrac{3}{4}$

⑧ $\dfrac{5}{2} \times \dfrac{1}{3}$

⑨ $\dfrac{4}{9} \times \dfrac{8}{7}$

⑩ $\dfrac{4}{7} \times \dfrac{5}{3}$

分数どうしのかけ算だよ。がんばろう！

答え ▶ 82ページ

分数のかけ算

約分が1回ある分数のかけ算①

月　日
得点
点

---

1 □にあてはまる数を書きましょう。

1つ5点【30点】

① $\dfrac{3}{5} \times \dfrac{4}{9} = \dfrac{3 \times 4}{5 \times 9}$　　計算のとちゅうで約分すると計算が簡単になる。

$= \dfrac{4}{15}$

② $\dfrac{2}{3} \times \dfrac{7}{8} = \dfrac{2 \times 7}{3 \times 8}$

$= \dfrac{\square}{\square}$

③ $\dfrac{3}{4} \times \dfrac{2}{5} = \dfrac{3 \times 2}{4 \times 5}$

$= \dfrac{\square}{\square}$

④ $\dfrac{2}{3} \times \dfrac{7}{4} = \dfrac{2 \times 7}{3 \times 4}$

$= \dfrac{\square}{\square}$

⑤ $\dfrac{5}{8} \times \dfrac{10}{11} = \dfrac{5 \times 10}{8 \times 11}$

$= \dfrac{\square}{\square}$

⑥ $\dfrac{9}{4} \times \dfrac{5}{6} = \dfrac{9 \times 5}{4 \times 6}$

$= \dfrac{\square}{\square}$

約分は，公約数でわればいいね。

2 計算をしましょう。

① $\dfrac{1}{2} \times \dfrac{8}{9}$

② $\dfrac{6}{7} \times \dfrac{3}{8}$

③ $\dfrac{4}{5} \times \dfrac{3}{10}$

④ $\dfrac{7}{8} \times \dfrac{2}{5}$

⑤ $\dfrac{3}{7} \times \dfrac{5}{6}$

⑥ $\dfrac{5}{12} \times \dfrac{3}{7}$

⑦ $\dfrac{7}{12} \times \dfrac{8}{11}$

⑧ $\dfrac{8}{3} \times \dfrac{5}{6}$

⑨ $\dfrac{7}{4} \times \dfrac{8}{3}$

⑩ $\dfrac{11}{9} \times \dfrac{6}{5}$

計算のしかたは，わかったかな？

答え ▶ 82ページ

9 分数のかけ算

約分が1回ある分数のかけ算②

月　　日

得点

点

10分

---

1 □にあてはまる数を書きましょう。

1つ5点【30点】

① $4 \times \dfrac{3}{8} = \dfrac{\overset{\boxed{1}}{\cancel{4}} \times 3}{\underset{\boxed{2}}{1} \times 8}$ ─約分する。

整数は分母が1の分数

$= \dfrac{\boxed{3}}{\boxed{2}}$

整数に分数をかける計算は，整数を分母が1の分数と考える。

$\overset{エー}{a} = \dfrac{a}{1}$

② $3 \times \dfrac{1}{9} = \dfrac{3 \times 1}{\cancel{9}}$

分母はそのままで，整数に分子をかけてもよい。

$= \dfrac{\boxed{}}{\boxed{}}$

③ $5 \times \dfrac{3}{10} = \dfrac{5 \times 3}{\cancel{10}}$

$= \dfrac{\boxed{}}{\boxed{}}$

帯分数は仮分数になおす。

④ $\dfrac{2}{3} \times 2\dfrac{2}{5} = \dfrac{2 \times \overset{\boxed{4}}{\cancel{12}}}{3 \times 5}$

$= \dfrac{\boxed{}}{\boxed{}}$

帯分数を仮分数になおす。

$2\dfrac{2}{5} = \dfrac{12}{5}$

$5 \times 2 + 2 = 12$

⑤ $1\dfrac{1}{5} \times \dfrac{3}{4} = \dfrac{\cancel{6} \times 3}{5 \times \cancel{4}}$

$= \dfrac{\boxed{}}{\boxed{}}$

⑥ $2\dfrac{1}{2} \times 2\dfrac{7}{15} = \dfrac{5 \times 37}{2 \times \cancel{15}}$

$= \dfrac{\boxed{}}{\boxed{}}$

① $6 \times \dfrac{1}{4}$

② $2 \times \dfrac{5}{12}$

③ $8 \times \dfrac{1}{10}$

④ $12 \times \dfrac{5}{6}$

⑤ $4 \times 1\dfrac{1}{8}$

⑥ $9 \times 1\dfrac{1}{15}$

⑦ $\dfrac{1}{3} \times 1\dfrac{2}{7}$

⑧ $\dfrac{8}{9} \times 1\dfrac{3}{4}$

⑨ $1\dfrac{1}{5} \times \dfrac{2}{3}$

⑩ $2\dfrac{2}{3} \times \dfrac{5}{12}$

見直しもしようね！

答え ▶ 82ページ

分数のかけ算

約分が2回ある分数のかけ算①

月　日　　10分
得点
　　　　　　　点

1 □にあてはまる数を書きましょう。　　　　　　　1つ5点【30点】

① $\dfrac{2}{3} \times \dfrac{3}{4} = \dfrac{\overset{\boxed{1}}{2} \times \overset{1}{3}}{\underset{1}{3} \times \underset{\boxed{2}}{4}}$ 　2と4，3と3で
　2回約分する。

$= \dfrac{\boxed{1}}{\boxed{2}}$

② $\dfrac{5}{12} \times \dfrac{9}{10} = \dfrac{\overset{\boxed{}}{5} \times \overset{\boxed{}}{9}}{\underset{}{12} \times \underset{}{10}}$

$= \dfrac{\boxed{}}{\boxed{}}$

③ $\dfrac{4}{9} \times \dfrac{3}{20} = \dfrac{\overset{\boxed{}}{4} \times \overset{\boxed{}}{3}}{\underset{}{9} \times \underset{}{20}}$

$= \dfrac{\boxed{}}{\boxed{}}$

④ $\dfrac{3}{4} \times \dfrac{10}{9} = \dfrac{\overset{\boxed{}}{3} \times \overset{\boxed{}}{10}}{\underset{\boxed{}}{4} \times \underset{\boxed{}}{9}}$

$= \dfrac{\boxed{}}{\boxed{}}$

⑤ $\dfrac{2}{3} \times \dfrac{9}{8} = \dfrac{\overset{\boxed{}}{2} \times \overset{\boxed{}}{9}}{\underset{\boxed{}}{3} \times \underset{\boxed{}}{8}}$

$= \dfrac{\boxed{}}{\boxed{}}$

⑥ $\dfrac{3}{8} \times \dfrac{16}{15} = \dfrac{\overset{\boxed{}}{3} \times \overset{\boxed{}}{16}}{\underset{\boxed{}}{8} \times \underset{\boxed{}}{15}}$

$= \dfrac{\boxed{}}{\boxed{}}$

最大公約数で
約分すると
いいね。

計算をしましょう。　　　　　　　　　　　　　　1つ7点【70点】

① $\dfrac{3}{4} \times \dfrac{8}{9}$

② $\dfrac{7}{12} \times \dfrac{3}{7}$

③ $\dfrac{5}{6} \times \dfrac{9}{10}$

④ $\dfrac{8}{13} \times \dfrac{13}{24}$

⑤ $\dfrac{3}{7} \times \dfrac{14}{15}$

⑥ $\dfrac{3}{5} \times \dfrac{10}{9}$

⑦ $\dfrac{5}{8} \times \dfrac{16}{15}$

⑧ $\dfrac{2}{9} \times \dfrac{15}{14}$

⑨ $\dfrac{3}{10} \times \dfrac{22}{21}$

⑩ $\dfrac{12}{5} \times \dfrac{15}{16}$

しっかり解けるようになったね！ スゴイ！

答え ▶ 83ページ

約分が2回ある分数のかけ算②

月　　日　　**10**分

得点　　　　　　点

---

1 □にあてはまる数を書きましょう。　　　　　　1つ5点【30点】

$1\frac{1}{8} \to \frac{9}{8}$
帯分数は仮分数に
なおす。

① $\frac{4}{9} \times 1\frac{1}{8} = \dfrac{\overset{1}{\cancel{4}} \times \overset{1}{\cancel{9}}}{\underset{1}{\cancel{9}} \times \underset{2}{\cancel{8}}}$

$= \dfrac{\boxed{1}}{\boxed{2}}$

② $2\frac{1}{7} \times \frac{7}{9} = \dfrac{\overset{\boxed{}}{\cancel{15}} \times \overset{\boxed{}}{\cancel{7}}}{\underset{\boxed{}}{\cancel{7}} \times \underset{\boxed{}}{\cancel{9}}}$

$= \dfrac{\boxed{}}{\boxed{}}$

③ $3\frac{1}{3} \times \frac{9}{20} = \dfrac{\overset{\boxed{}}{\cancel{10}} \times \overset{\boxed{}}{\cancel{9}}}{\underset{\boxed{}}{\cancel{3}} \times \underset{\boxed{}}{\cancel{20}}}$

$= \dfrac{\boxed{}}{\boxed{}}$

④ $2\frac{2}{5} \times 2\frac{2}{9} = \dfrac{\overset{\boxed{}}{\cancel{12}} \times \overset{\boxed{}}{\cancel{20}}}{\underset{\boxed{}}{\cancel{5}} \times \underset{\boxed{}}{\cancel{9}}}$

$= \dfrac{\boxed{}}{\boxed{}}$

⑤ $2\frac{2}{3} \times 1\frac{11}{16} = \dfrac{\overset{\boxed{}}{\cancel{8}} \times \overset{\boxed{}}{\cancel{27}}}{\underset{\boxed{}}{\cancel{3}} \times \underset{\boxed{}}{\cancel{16}}}$

$= \dfrac{\boxed{}}{\boxed{}}$

⑥ $3\frac{1}{2} \times 1\frac{3}{7} = \dfrac{\overset{\boxed{}}{\cancel{7}} \times \overset{\boxed{}}{\cancel{10}}}{\underset{\boxed{}}{\cancel{2}} \times \underset{\boxed{}}{\cancel{7}}}$

$= \boxed{}$

帯分数どうしの計算は，
仮分数どうしの計算に
なおそう。

25

2 計算をしましょう。

① $1\dfrac{1}{4} \times \dfrac{2}{5}$

② $2\dfrac{5}{6} \times \dfrac{2}{17}$

③ $\dfrac{9}{40} \times 3\dfrac{1}{3}$

④ $\dfrac{7}{20} \times 2\dfrac{1}{7}$

⑤ $4\dfrac{1}{3} \times 1\dfrac{2}{13}$

⑥ $1\dfrac{5}{7} \times 2\dfrac{1}{10}$

⑦ $1\dfrac{1}{5} \times 1\dfrac{1}{4}$

⑧ $4\dfrac{1}{5} \times 1\dfrac{11}{14}$

⑨ $6\dfrac{2}{3} \times 3\dfrac{3}{5}$

⑩ $2\dfrac{4}{5} \times 2\dfrac{1}{7}$

分数×分数の計算，がんばってるね！

答え ▶ 83ページ

分数のかけ算の練習①

1 計算をしましょう。

1つ5点【40点】

① $\dfrac{1}{2} \times \dfrac{3}{4} = \dfrac{1 \times \boxed{}}{\boxed{} \times 4}$

$= \dfrac{\boxed{}}{\boxed{}}$

② $\dfrac{2}{5} \times \dfrac{4}{9}$

③ $\dfrac{2}{5} \times \dfrac{3}{7}$

④ $\dfrac{8}{13} \times \dfrac{3}{5}$

⑤ $\dfrac{5}{6} \times \dfrac{4}{7} = \dfrac{5 \times \overset{\boxed{}}{\cancel{4}}}{\underset{\boxed{}}{6} \times 7}$

$= \dfrac{\boxed{}}{\boxed{}}$

⑥ $\dfrac{12}{13} \times \dfrac{5}{9}$

⑦ $\dfrac{13}{10} \times \dfrac{15}{8}$

⑧ $\dfrac{11}{12} \times \dfrac{3}{4}$

2 計算をしましょう。

① $\dfrac{6}{7} \times \dfrac{3}{5}$

② $\dfrac{9}{10} \times \dfrac{3}{4}$

③ $\dfrac{1}{2} \times \dfrac{5}{7}$

④ $\dfrac{7}{8} \times \dfrac{1}{3}$

⑤ $\dfrac{5}{12} \times \dfrac{5}{6}$

⑥ $\dfrac{3}{8} \times \dfrac{3}{4}$

⑦ $\dfrac{2}{3} \times \dfrac{7}{10}$

⑧ $\dfrac{3}{10} \times \dfrac{11}{12}$

⑨ $\dfrac{15}{16} \times \dfrac{9}{10}$

⑩ $\dfrac{5}{9} \times \dfrac{6}{7}$

分母どうし，分子どうしをかけよう！

集中してがんばったね！ 見直しもしよう！

答え ▶ 83ページ

分数のかけ算の練習②

月　日

15分

得点

点

1 計算をしましょう。

1つ5点【40点】

① $\dfrac{5}{7} \times 1\dfrac{1}{6} = \dfrac{5 \times 7}{7 \times 6}$

$= \dfrac{\square}{\square}$

② $3\dfrac{1}{5} \times \dfrac{3}{8}$

③ $1\dfrac{2}{3} \times \dfrac{2}{5}$

④ $1\dfrac{3}{7} \times 2\dfrac{1}{2}$

⑤ $\dfrac{3}{4} \times \dfrac{16}{15} = \dfrac{3 \times 16}{4 \times 15}$

$= \dfrac{\square}{\square}$

⑥ $\dfrac{2}{7} \times \dfrac{21}{10}$

⑦ $4\dfrac{1}{5} \times \dfrac{10}{7}$

⑧ $2\dfrac{2}{3} \times 2\dfrac{1}{4}$

帯分数は,
仮分数になおして
計算しよう!

計算をしましょう。

① $3\dfrac{1}{2} \times \dfrac{5}{14}$

② $1\dfrac{3}{8} \times \dfrac{7}{22}$

③ $\dfrac{9}{16} \times 3\dfrac{1}{5}$

④ $\dfrac{5}{12} \times 1\dfrac{1}{23}$

⑤ $1\dfrac{2}{3} \times 2\dfrac{2}{5}$

⑥ $\dfrac{4}{9} \times \dfrac{15}{28}$

⑦ $\dfrac{6}{35} \times \dfrac{7}{10}$

⑧ $1\dfrac{5}{13} \times 2\dfrac{8}{9}$

⑨ $3\dfrac{1}{5} \times 3\dfrac{3}{4}$

⑩ $2\dfrac{2}{13} \times 1\dfrac{6}{7}$

分数×分数の計算は，ばっちりだね！

答え ▶ 83ページ

3つの分数のかけ算

1 □にあてはまる数を書きましょう。　　　1つ7点【28点】

① $\dfrac{3}{4} \times \dfrac{1}{2} \times \dfrac{3}{5} = \dfrac{3 \times \boxed{1} \times \boxed{3}}{\boxed{4} \times \boxed{2} \times \boxed{5}}$ ─分母どうし, 分子どうしをかける。

$= \dfrac{\boxed{9}}{\boxed{40}}$

分数が3つに
なっても, 分母どうし,
分子どうしをかけよう！

② $\dfrac{2}{3} \times \dfrac{1}{4} \times \dfrac{3}{7} = \dfrac{\overset{\boxed{}}{2} \times 1 \times \overset{\boxed{}}{3}}{\underset{\boxed{}}{3} \times 4 \times 7}$ ─とちゅうで約分する。

$= \dfrac{\boxed{}}{\boxed{}}$

③ $\dfrac{12}{5} \times \dfrac{7}{8} \times \dfrac{5}{7} = \dfrac{\overset{\boxed{}}{12} \times \overset{\boxed{}}{7} \times \overset{\boxed{}}{5}}{\underset{\boxed{}}{5} \times \underset{\boxed{}}{8} \times \underset{\boxed{}}{7}}$ ─3回約分する。

$= \dfrac{\boxed{}}{\boxed{}}$

─ 帯分数は仮分数になおす ─

④ $\dfrac{3}{5} \times 3\dfrac{1}{3} \times 1\dfrac{4}{7} = \dfrac{3 \times \overset{\boxed{}}{10} \times \overset{\boxed{}}{11}}{5 \times \underset{\boxed{}}{3} \times \underset{\boxed{}}{7}}$

─ 帯分数は仮分数になおす ─

$= \dfrac{\boxed{}}{\boxed{}}$

2 計算をしましょう。

① $\dfrac{1}{2} \times \dfrac{1}{3} \times \dfrac{1}{5}$

② $\dfrac{2}{5} \times \dfrac{2}{3} \times \dfrac{2}{3}$

③ $\dfrac{9}{4} \times \dfrac{5}{18} \times \dfrac{5}{7}$

④ $\dfrac{3}{8} \times \dfrac{2}{5} \times \dfrac{3}{7}$

⑤ $\dfrac{8}{3} \times \dfrac{1}{5} \times \dfrac{3}{12}$

⑥ $\dfrac{3}{10} \times \dfrac{2}{7} \times \dfrac{5}{9}$

⑦ $3\dfrac{1}{5} \times \dfrac{3}{4} \times \dfrac{7}{9}$

⑧ $5\dfrac{1}{3} \times 4\dfrac{1}{5} \times \dfrac{7}{8}$

分数が3つになってもよくできてるよ！ すごい！

答え ▶ 83ページ

15 分数のかけ算
分数と小数のかけ算

1 □にあてはまる数を書きましょう。　　　　　1つ7点【28点】

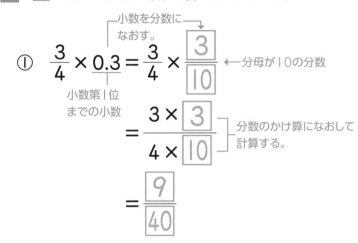

① $\dfrac{3}{4} \times 0.3 = \dfrac{3}{4} \times \dfrac{\boxed{3}}{\boxed{10}}$　　←分母が10の分数

小数を分数に
なおす。

小数第1位
までの小数

$= \dfrac{3 \times \boxed{3}}{4 \times \boxed{10}}$　分数のかけ算になおして計算する。

$= \dfrac{\boxed{9}}{\boxed{40}}$

小数を分数で表すには、
$0.1 = \dfrac{1}{10}$, $0.01 = \dfrac{1}{100}$
をもとに、分母がいくつの
分数に表せるかを考えよう！

② $0.07 \times \dfrac{3}{5} = \dfrac{\boxed{7}}{\boxed{100}} \times \dfrac{3}{5}$　←分母が100の分数

小数第2位
までの小数

$= \dfrac{\boxed{} \times 3}{\boxed{} \times 5}$

$= \dfrac{\boxed{}}{\boxed{}}$

③ $\dfrac{2}{3} \times 0.4 = \dfrac{2}{3} \times \dfrac{\boxed{}}{10}$

$= \dfrac{2 \times \boxed{}}{3 \times 10}$

$= \dfrac{\boxed{}}{\boxed{}}$

④ $1.2 \times \dfrac{3}{4} = \dfrac{12}{\boxed{}} \times \dfrac{3}{4}$

$= \dfrac{12 \times 3}{\boxed{} \times 4}$

$= \dfrac{\boxed{}}{\boxed{}}$

2 計算をしましょう。

① $\dfrac{2}{3} \times 0.7$

② $0.23 \times \dfrac{3}{7}$

③ $1.3 \times \dfrac{2}{5}$

④ $\dfrac{3}{8} \times 2.4$

⑤ $3.2 \times \dfrac{5}{4}$

⑥ $1\dfrac{1}{3} \times 0.05$

⑦ $\dfrac{2}{5} \times 0.75$

⑧ $1.25 \times 1\dfrac{4}{5}$

分数と小数のかけ算もばっちり！

答え ▶ 84ページ

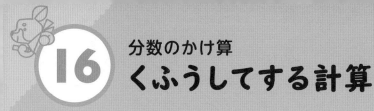

分数のかけ算
くふうしてする計算

月　日　15分

得点

点

1 □にあてはまる数を書きましょう。

1つ10点【30点】

① $\left(\dfrac{5}{7} \times \dfrac{3}{4}\right) \times \dfrac{4}{3} = \dfrac{5}{7} \times \left(\dfrac{3}{4} \times \dfrac{4}{3}\right)$ ← $(a \times b) \times c = a \times (b \times c)$

$= \dfrac{5}{7} \times \left(\dfrac{\overset{\boxed{1}}{3}}{\underset{\boxed{1}}{4}} \times \dfrac{\overset{\boxed{1}}{4}}{\underset{\boxed{1}}{3}}\right)$

$= \dfrac{5}{7} \times \boxed{1}$

$= \dfrac{\boxed{5}}{\boxed{7}}$

【計算のきまり】
$(a \times b) \times c = a \times (b \times c)$
$(a + b) \times c = a \times c + b \times c$
$(a - b) \times c = a \times c - b \times c$

② $\left(\dfrac{5}{6} + \dfrac{3}{8}\right) \times 24 = \dfrac{5}{6} \times 24 + \dfrac{3}{8} \times 24$ ← $(a + b) \times c = a \times c + b \times c$

$= \dfrac{5 \times \overset{\boxed{}}{24}}{\underset{\boxed{}}{6}} + \dfrac{3 \times \overset{\boxed{}}{24}}{\underset{\boxed{}}{8}}$

$= 20 + \boxed{}$

$= \boxed{}$

③ $\dfrac{3}{7} \times \dfrac{3}{10} + \dfrac{3}{7} \times \dfrac{1}{20} = \dfrac{3}{7} \times \left(\dfrac{3}{10} + \dfrac{1}{20}\right)$

$= \dfrac{3 \times \overset{\boxed{}}{7}}{\underset{\boxed{}}{7} \times 20}$ ← $\dfrac{3}{10} + \dfrac{1}{20} = \dfrac{6}{20} + \dfrac{1}{20} = \dfrac{7}{20}$

$= \dfrac{\boxed{}}{\boxed{}}$

計算のきまりを使うと，
計算が簡単に
なることがあるよ！

2 くふうして計算しましょう。

① $\left(\dfrac{4}{5} \times \dfrac{9}{7}\right) \times \dfrac{7}{9}$

② $\dfrac{5}{8} \times \left(\dfrac{8}{5} \times \dfrac{2}{11}\right)$

③ $\left(\dfrac{2}{3} \times \dfrac{5}{9}\right) \times \dfrac{3}{2}$

④ $\left(\dfrac{3}{4} + \dfrac{5}{6}\right) \times 12$

⑤ $\dfrac{15}{16} \times \left(\dfrac{2}{3} + \dfrac{3}{5}\right)$

⑥ $\left(\dfrac{3}{7} - \dfrac{1}{4}\right) \times 28$

⑦ $\dfrac{12}{17} \times \left(\dfrac{5}{6} - \dfrac{3}{4}\right)$

⑧ $\dfrac{3}{5} \times \dfrac{7}{9} + \dfrac{3}{5} \times \dfrac{1}{3}$

⑨ $11 \times \dfrac{2}{7} + 3 \times \dfrac{2}{7}$

⑩ $\dfrac{3}{4} \times 10 - \dfrac{3}{4} \times 2$

計算力がついてきているよ！ スゴイね！

答え ▶ 84ページ

分数のかけ算の練習③

月　日　15分

得点　　　　　点

---

1 次の計算をしましょう。　　　　　　　　1つ7点【21点】

① $\dfrac{5}{3} \times \dfrac{6}{7} \times \dfrac{2}{15} = \dfrac{\square \times \square \times \square}{\square \times \square \times \square}$

$= \dfrac{\square}{\square}$

② $2\dfrac{2}{3} \times \dfrac{1}{4} \times \dfrac{2}{5}$

③ $1\dfrac{3}{8} \times \dfrac{2}{3} \times \dfrac{4}{11}$

---

2 □にあてはまる数を書きましょう。　　　　　【7点】

$\left(\dfrac{4}{5} - \dfrac{3}{8}\right) \times 40 = \dfrac{4}{5} \times 40 - \dfrac{3}{8} \times 40$

$= \dfrac{4 \times \overset{\square}{40}}{\underset{\square}{5}} - \dfrac{3 \times \overset{\square}{40}}{\underset{\square}{8}}$

$= \square - \square$

$= \square$

計算のきまり
$(a - b) \times c$
$= a \times c - b \times c$
を使おう！

3 計算をしましょう。 1つ9点【36点】

① $\dfrac{3}{7} \times \dfrac{14}{25} \times \dfrac{5}{6}$

② $\dfrac{5}{12} \times \dfrac{21}{10} \times \dfrac{9}{14}$

③ $1\dfrac{3}{5} \times \dfrac{9}{16} \times 2\dfrac{1}{12}$

④ $\dfrac{2}{9} \times 2\dfrac{1}{4} \times 1\dfrac{3}{5}$

4 くふうして計算しましょう。 1つ9点【36点】

① $13 \times \dfrac{7}{9} + 5 \times \dfrac{7}{9}$

② $\left(\dfrac{4}{5} - \dfrac{3}{4} \right) \times \dfrac{20}{23}$

③ $\dfrac{5}{6} \times \left(\dfrac{6}{5} \times \dfrac{3}{7} \right)$

④ $\left(\dfrac{3}{8} \times \dfrac{4}{7} \right) \times 1\dfrac{3}{4}$

分数のかけ算は，ばっちり！ よくできました！

答え ▶ 84ページ

分数のかけ算
逆数

1 次の数の逆数を答えましょう。

1つ4点【20点】

① $\dfrac{2}{5}$ 逆数→ $\dfrac{5}{2}$

2つの数の積が1になるとき，一方の数をもう一方の逆数という。
真分数や仮分数の逆数は分母と分子を入れかえた分数となり，$\dfrac{a}{b}$は$\dfrac{b}{a}$の逆数。

$\dfrac{b}{a}$ ✕ $\dfrac{a}{b}$

② $\dfrac{3}{4}$ 逆数→ ▢

③ $\dfrac{4}{9}$ 逆数→ ▢

④ $\dfrac{8}{5}$ 逆数→ ▢

⑤ $\dfrac{13}{7}$ 逆数→ ▢

2 次の数の逆数を答えましょう。

1つ4点【12点】

① 7 逆数→ $\dfrac{1}{7}$

$7 = \dfrac{7}{1}$

② 4 逆数→ ▢

③ 0.9 逆数→ ▢

$0.9 = \dfrac{9}{10}$

整数や小数は，まず分数になおして考えよう！

3 次の数の逆数を答えましょう。

①, ②1つ4点, ③～⑭1つ5点【68点】

① $\dfrac{7}{12}$

② $\dfrac{5}{9}$

③ $\dfrac{16}{9}$

④ $\dfrac{35}{6}$

⑤ 3

⑥ 10

⑦ 15

⑧ 23

⑨ 0.7

⑩ 1.9

⑪ 2.1

⑫ 5.7

⑬ 0.02

⑭ 0.15

よくがんばったね。次はパズルだよ！

答え ▶ 84ページ

40

❶ あるロボットに，次のようにいくつかの数を覚えさせました。

$$覚えた数[\ ]\leftarrow\left\{\frac{2}{3},\ \frac{1}{4},\ \frac{1}{2},\ 6\right\}$$

	[1]	[2]	[3]	[4]
覚えた数	$\frac{2}{3}$	$\frac{1}{4}$	$\frac{1}{2}$	6

このロボットに，覚えた数を使って計算させるためには，次のように命令します。

命令　｜ 覚えた数[1] × 覚えた数[2] ｜

■計算の結果➡ $\dfrac{2}{3}\times\dfrac{1}{4}=\dfrac{1}{6}$

同じロボットに，次のように命令しました。ロボットが出す計算の結果を答えましょう。

① 覚えた数[1] × 覚えた数[3]

答え

② 覚えた数[2] ÷ 覚えた数[4]

答え

2 あるロボットは，あたえた1つの数に対して，次のような命令のとおりに計算します。

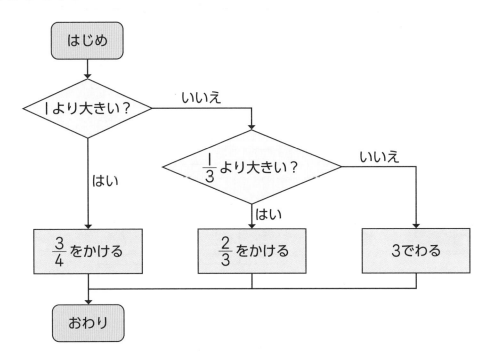

このロボットに，次の①〜④の数をあたえました。おわりの数を求めましょう。

① $\dfrac{1}{2}$

答え

② $\dfrac{6}{5}$

答え

③ 0.8

答え

④ 1.12

答え

答え ▶ 84ページ

約分がない分数のわり算

月　日　10分

得点　　　　　点

1 □にあてはまる数を書きましょう。

1つ5点【15点】

逆数にする。→

① $\dfrac{2}{3} \div \dfrac{5}{7} = \dfrac{2 \times \boxed{7}}{3 \times \boxed{5}}$

$= \dfrac{\boxed{14}}{\boxed{15}}$

分数でわる計算は,
わる数の逆数をかける。

$\dfrac{b}{\underset{エー}{a}} \div \dfrac{d}{\underset{シー}{c}} = \dfrac{b}{a} \times \dfrac{c}{d} = \dfrac{b \times c}{a \times d}$

② $\dfrac{1}{4} \div \dfrac{3}{5} = \dfrac{1 \times \boxed{}}{4 \times \boxed{}}$

$= \dfrac{\boxed{}}{\boxed{}}$

③ $\dfrac{7}{6} \div \dfrac{3}{7} = \dfrac{7 \times \boxed{}}{6 \times \boxed{}}$

$= \dfrac{\boxed{}}{\boxed{}}$

2 計算をしましょう。

1つ5点【25点】

① $\dfrac{3}{4} \div \dfrac{1}{3}$

② $\dfrac{1}{6} \div \dfrac{1}{5}$

③ $\dfrac{3}{7} \div \dfrac{4}{3}$

④ $\dfrac{3}{5} \div \dfrac{5}{9}$

⑤ $\dfrac{1}{2} \div \dfrac{5}{13}$

分数の逆数は,
分母と分子を入れ
かえた数だね。

43

3 計算をしましょう。

① $\dfrac{1}{3} \div \dfrac{1}{2}$

② $\dfrac{1}{4} \div \dfrac{1}{5}$

③ $\dfrac{8}{9} \div \dfrac{5}{7}$

④ $\dfrac{5}{6} \div \dfrac{4}{5}$

⑤ $\dfrac{2}{3} \div \dfrac{9}{10}$

⑥ $\dfrac{2}{7} \div \dfrac{11}{12}$

⑦ $\dfrac{3}{7} \div \dfrac{7}{3}$

⑧ $\dfrac{2}{5} \div \dfrac{3}{8}$

⑨ $\dfrac{1}{4} \div \dfrac{4}{21}$

⑩ $\dfrac{3}{4} \div \dfrac{5}{9}$

残り半分もがんばろう！

答え ▶ 84ページ

21 分数のわり算
約分が1回ある分数のわり算①

月　日　**10**分
得点

点

1 □にあてはまる数を書きましょう。 1つ5点【30点】

逆数にする。

① $\dfrac{2}{3} \div \dfrac{4}{5} = \dfrac{\overset{1}{\cancel{2}} \times 5}{3 \times \underset{2}{\cancel{4}}}$ 　計算のとちゅうで約分すると計算が簡単になる。

$= \dfrac{\boxed{5}}{\boxed{6}}$

② $\dfrac{3}{5} \div \dfrac{6}{7} = \dfrac{3 \times 7}{5 \times 6}$

$= \dfrac{\boxed{}}{\boxed{}}$

③ $\dfrac{5}{8} \div \dfrac{9}{10} = \dfrac{5 \times 10}{8 \times 9}$

$= \dfrac{\boxed{}}{\boxed{}}$

④ $\dfrac{4}{5} \div \dfrac{7}{15} = \dfrac{4 \times 15}{5 \times 7}$

$= \dfrac{\boxed{}}{\boxed{}}$

⑤ $\dfrac{5}{9} \div \dfrac{4}{3} = \dfrac{5 \times 3}{9 \times 4}$

$= \dfrac{\boxed{}}{\boxed{}}$

⑥ $\dfrac{4}{7} \div \dfrac{6}{5} = \dfrac{4 \times 5}{7 \times 6}$

$= \dfrac{\boxed{}}{\boxed{}}$

わる数を逆数にするのを忘れないようにしよう！

45

2 計算をしましょう。

① $\dfrac{2}{3} \div \dfrac{5}{9}$

② $\dfrac{3}{4} \div \dfrac{6}{7}$

③ $\dfrac{7}{12} \div \dfrac{5}{6}$

④ $\dfrac{4}{7} \div \dfrac{2}{3}$

⑤ $\dfrac{5}{6} \div \dfrac{1}{12}$

⑥ $\dfrac{4}{5} \div \dfrac{6}{11}$

⑦ $\dfrac{1}{4} \div \dfrac{9}{8}$

⑧ $\dfrac{6}{7} \div \dfrac{15}{23}$

⑨ $\dfrac{9}{4} \div \dfrac{3}{5}$

⑩ $\dfrac{7}{5} \div \dfrac{13}{10}$

分数÷分数の計算のしかたが身についているよ！

答え ▶ 85ページ

約分が1回ある分数のわり算②

月　日　10分

得点　　　　　点

1 □にあてはまる数を書きましょう。　　　　1つ5点【30点】

① $2 \div \dfrac{4}{5} = \dfrac{\overset{\boxed{1}}{\cancel{2}} \times 5}{1 \times \cancel{4}}$　整数は分母が1の分数 $\dfrac{2}{1}$ と考える。

$$2 \div \dfrac{4}{5} = \dfrac{2 \times 5}{4}$$

と考えることもできる。

$$= \dfrac{\boxed{5}}{\boxed{2}}$$

② $6 \div \dfrac{9}{10} = \dfrac{\overset{\boxed{}}{\cancel{6}} \times 10}{1 \times \underset{\boxed{}}{\cancel{9}}}$

$$= \dfrac{\boxed{}}{\boxed{}}$$

③ $5 \div \dfrac{15}{16} = \dfrac{\overset{\boxed{}}{\cancel{5}} \times 16}{1 \times \underset{\boxed{}}{\cancel{15}}}$

$$= \dfrac{\boxed{}}{\boxed{}}$$

④ $\dfrac{2}{9} \div 1\dfrac{2}{3} = \dfrac{2 \times \overset{\boxed{}}{\cancel{3}}}{\underset{\boxed{}}{\cancel{9}} \times 5}$

$$= \dfrac{\boxed{}}{\boxed{}}$$

⑤ $\dfrac{5}{8} \div 2\dfrac{1}{4} = \dfrac{5 \times \overset{\boxed{}}{\cancel{4}}}{\underset{\boxed{}}{\cancel{8}} \times 9}$

$$= \dfrac{\boxed{}}{\boxed{}}$$

⑥ $3\dfrac{3}{4} \div \dfrac{3}{5} = \dfrac{15 \times 5}{4 \times \underset{\boxed{}}{\cancel{3}}}$

$$= \dfrac{\boxed{}}{\boxed{}}$$

分数のかけ算のときと同じように，帯分数は仮分数になおしてから計算しよう。

47

① $12 \div \dfrac{3}{8}$

② $5 \div \dfrac{10}{11}$

③ $6 \div \dfrac{9}{13}$

④ $10 \div \dfrac{5}{7}$

⑤ $\dfrac{2}{3} \div 1\dfrac{1}{5}$

⑥ $\dfrac{5}{8} \div 2\dfrac{1}{4}$

⑦ $\dfrac{1}{4} \div 1\dfrac{1}{6}$

⑧ $2\dfrac{2}{3} \div \dfrac{6}{7}$

⑨ $2\dfrac{2}{5} \div \dfrac{3}{4}$

⑩ $1\dfrac{3}{4} \div \dfrac{5}{8}$

計算したあとは，見直しをしようね！

答え ▶ 85ページ

約分が2回ある分数のわり算①

1　□にあてはまる数を書きましょう。　　　　　　　　　　1つ5点【30点】

① $\dfrac{3}{4} \div \dfrac{9}{10} = \dfrac{\overset{1}{3} \times \overset{\boxed{5}}{10}}{\underset{2}{4} \times \underset{3}{9}}$ 　3と9，10と4で
2回約分する。

$= \dfrac{\boxed{5}}{\boxed{6}}$

② $\dfrac{5}{6} \div \dfrac{5}{8} = \dfrac{\overset{\square}{5} \times \overset{\square}{8}}{\underset{\square}{6} \times \underset{\square}{5}}$

$= \dfrac{\square}{\square}$

③ $\dfrac{7}{10} \div \dfrac{7}{5} = \dfrac{\overset{\square}{7} \times \overset{\square}{5}}{\underset{\square}{10} \times \underset{\square}{7}}$

$= \dfrac{\square}{\square}$

④ $\dfrac{14}{15} \div \dfrac{7}{9} = \dfrac{\overset{\square}{14} \times \overset{\square}{9}}{\underset{\square}{15} \times \underset{\square}{7}}$

$= \dfrac{\square}{\square}$

⑤ $\dfrac{5}{12} \div \dfrac{5}{8} = \dfrac{\overset{\square}{5} \times \overset{\square}{8}}{\underset{\square}{12} \times \underset{\square}{5}}$

$= \dfrac{\square}{\square}$

⑥ $\dfrac{4}{9} \div \dfrac{2}{3} = \dfrac{\overset{\square}{4} \times \overset{\square}{3}}{\underset{\square}{9} \times \underset{\square}{2}}$

$= \dfrac{\square}{\square}$

約分は，最大公約数
であるといいね。

① $\dfrac{2}{9} \div \dfrac{4}{15}$

② $\dfrac{3}{4} \div \dfrac{9}{8}$

③ $\dfrac{9}{10} \div \dfrac{3}{4}$

④ $\dfrac{5}{12} \div \dfrac{5}{18}$

⑤ $\dfrac{9}{14} \div \dfrac{6}{7}$

⑥ $\dfrac{3}{5} \div \dfrac{9}{10}$

⑦ $\dfrac{8}{15} \div \dfrac{2}{3}$

⑧ $\dfrac{6}{7} \div \dfrac{8}{21}$

⑨ $\dfrac{7}{10} \div \dfrac{14}{15}$

⑩ $\dfrac{7}{15} \div \dfrac{7}{20}$

アプリに，得点を登録しよう！

答え ▶ 85ページ

1 □にあてはまる数を書きましょう。

1つ6点【30点】

① $\dfrac{2}{3} \div 1\dfrac{1}{9} = \dfrac{2}{3} \div \dfrac{10}{9}$

$= \dfrac{\overset{1}{\cancel{2}} \times \overset{3}{\cancel{9}}}{\underset{1}{\cancel{3}} \times \underset{5}{\cancel{10}}}$　2と10, 9と3で 2回約分する。

$= \dfrac{\boxed{3}}{\boxed{5}}$

$1\dfrac{1}{9}$ の整数の1は，$\dfrac{1}{9}$ が 9こあつまった数だね。

② $\dfrac{3}{7} \div 1\dfrac{1}{14} = \dfrac{\overset{\boxed{}}{\cancel{3}} \times \overset{\boxed{}}{\cancel{14}}}{\underset{\boxed{}}{\cancel{7}} \times \underset{\boxed{}}{\cancel{15}}}$

$= \dfrac{\boxed{}}{\boxed{}}$

③ $1\dfrac{1}{3} \div \dfrac{8}{9} = \dfrac{\overset{\boxed{}}{\cancel{4}} \times \overset{\boxed{}}{\cancel{9}}}{\underset{\boxed{}}{\cancel{3}} \times \underset{\boxed{}}{\cancel{8}}}$

$= \dfrac{\boxed{}}{\boxed{}}$

④ $1\dfrac{4}{5} \div 2\dfrac{7}{10} = \dfrac{9}{5} \div \dfrac{27}{10}$

$= \dfrac{\overset{\boxed{}}{\cancel{9}} \times \overset{\boxed{}}{\cancel{10}}}{\underset{\boxed{}}{5} \times \underset{\boxed{}}{\cancel{27}}}$

$= \dfrac{\boxed{}}{\boxed{}}$

⑤ $3\dfrac{1}{2} \div 2\dfrac{5}{8} = \dfrac{7}{2} \div \dfrac{21}{8}$

$= \dfrac{\overset{\boxed{}}{\cancel{7}} \times \overset{\boxed{}}{\cancel{8}}}{\underset{\boxed{}}{\cancel{2}} \times \underset{\boxed{}}{\cancel{21}}}$

$= \dfrac{\boxed{}}{\boxed{}}$

2 計算をしましょう。

① $1\dfrac{1}{9} \div \dfrac{4}{9}$

② $1\dfrac{2}{5} \div \dfrac{7}{10}$

③ $2\dfrac{2}{5} \div \dfrac{9}{20}$

④ $4\dfrac{1}{6} \div \dfrac{5}{8}$

⑤ $\dfrac{15}{22} \div 3\dfrac{3}{4}$

⑥ $\dfrac{4}{9} \div 2\dfrac{2}{3}$

⑦ $\dfrac{5}{7} \div 1\dfrac{1}{14}$

⑧ $\dfrac{11}{14} \div 3\dfrac{1}{7}$

⑨ $1\dfrac{3}{5} \div 1\dfrac{1}{15}$

⑩ $1\dfrac{9}{16} \div 4\dfrac{1}{6}$

計算力が身についているよ！ すごい！

答え ▶ 85ページ

分数のわり算の練習①

1 計算をしましょう。

①〜⑤1つ4点，⑥，⑦1つ5点【30点】

① $\dfrac{7}{8} \div \dfrac{3}{5} = \dfrac{\Box \times \Box}{\Box \times \Box}$

$= \dfrac{\Box}{\Box}$

② $\dfrac{5}{9} \div \dfrac{3}{4}$

③ $\dfrac{7}{9} \div \dfrac{2}{3} = \dfrac{7 \times \overset{\Box}{\cancel{3}}}{\underset{\Box}{\cancel{9}} \times 2}$

$= \dfrac{\Box}{\Box}$

④ $\dfrac{5}{12} \div 1\dfrac{1}{6}$

⑤ $2\dfrac{1}{2} \div \dfrac{3}{10}$

⑥ $1\dfrac{1}{6} \div 2\dfrac{3}{7}$

⑦ $3\dfrac{2}{3} \div 1\dfrac{2}{15}$

ある数を逆数にして
かけ算になおそう！

2 計算をしましょう。 1つ7点【70点】

① $\dfrac{1}{3} \div \dfrac{1}{5}$

② $\dfrac{3}{7} \div \dfrac{2}{9}$

③ $\dfrac{4}{21} \div \dfrac{3}{4}$

④ $\dfrac{5}{18} \div \dfrac{2}{7}$

⑤ $\dfrac{3}{16} \div \dfrac{1}{3}$

⑥ $1\dfrac{3}{4} \div \dfrac{7}{15}$

⑦ $\dfrac{11}{12} \div 1\dfrac{2}{3}$

⑧ $\dfrac{9}{14} \div 1\dfrac{1}{7}$

⑨ $3\dfrac{1}{3} \div \dfrac{10}{13}$

⑩ $4\dfrac{1}{2} \div \dfrac{5}{8}$

すばらしい！ 分数÷分数の計算はばっちり！

答え ▶ 85ページ

分数のわり算の練習②

1 計算をしましょう。

①～⑤1つ4点, ⑥, ⑦1つ5点【30点】

① $\dfrac{3}{4} \div \dfrac{3}{8} = \dfrac{\overset{\square}{\cancel{3}} \times \overset{\square}{8}}{4 \times \underset{\square}{\cancel{3}}}$

$\quad = \boxed{}$

② $\dfrac{5}{12} \div \dfrac{10}{21}$

③ $1\dfrac{3}{5} \div \dfrac{16}{25} = \dfrac{\overset{\square}{\cancel{8}} \times \overset{\square}{25}}{5 \times \underset{\square}{16}}$

$\quad = \dfrac{\boxed{}}{\boxed{}}$

④ $\dfrac{5}{6} \div 1\dfrac{1}{4}$

⑤ $3\dfrac{3}{4} \div 4\dfrac{1}{2}$

⑥ $1\dfrac{5}{16} \div 2\dfrac{1}{4}$

⑦ $5\dfrac{5}{8} \div 6\dfrac{3}{10}$

計算のとちゅうで約分すると, 計算が簡単になるね。

① $\dfrac{5}{18} \div \dfrac{5}{9}$

② $\dfrac{16}{27} \div \dfrac{12}{23}$

③ $\dfrac{14}{45} \div \dfrac{28}{81}$

④ $\dfrac{11}{28} \div \dfrac{22}{49}$

⑤ $1\dfrac{13}{14} \div \dfrac{3}{7}$

⑥ $2\dfrac{2}{15} \div \dfrac{4}{5}$

⑦ $\dfrac{8}{9} \div 4\dfrac{2}{3}$

⑧ $\dfrac{7}{12} \div 1\dfrac{17}{18}$

⑨ $5\dfrac{1}{4} \div 1\dfrac{1}{6}$

⑩ $6\dfrac{2}{3} \div 1\dfrac{1}{9}$

コツコツがんばってるね！ 力がついてきているよ！

答え ▶ 86ページ

27 分数のわり算
3つの分数のわり算

得点

点

1 □にあてはまる数を書きましょう。　　　　　　　　　　1つ7点【28点】

① $\dfrac{3}{5} \div \dfrac{1}{2} \div \dfrac{5}{3} = \dfrac{3 \times 2 \times \boxed{3}}{5 \times 1 \times \boxed{5}}$ 　わる数を逆数にして，かけ算だけの式になおす。

$= \dfrac{\boxed{18}}{\boxed{25}}$

② $\dfrac{2}{3} \div \dfrac{7}{8} \div \dfrac{5}{6} = \dfrac{2 \times 8 \times \overset{\boxed{}}{\cancel{6}}}{\cancel{3} \times 7 \times 5}$ 　6と3で約分する。

$= \dfrac{\boxed{}}{\boxed{}}$

③ $\dfrac{8}{9} \div \dfrac{4}{5} \div \dfrac{5}{7} = \dfrac{\overset{\boxed{}}{\cancel{8}} \times \overset{\boxed{}}{\cancel{5}} \times 7}{9 \times \underset{\boxed{}}{\cancel{4}} \times \underset{\boxed{}}{\cancel{5}}}$ 　8と4，5と5で2回約分する。

$= \dfrac{\boxed{}}{\boxed{}}$

④ $\dfrac{4}{7} \div \dfrac{3}{14} \div 1\dfrac{4}{5} = \dfrac{4}{7} \div \dfrac{3}{14} \div \dfrac{\boxed{}}{\boxed{}}$ 　帯分数は仮分数になおす。

$= \dfrac{4 \times \overset{\boxed{}}{\cancel{14}} \times 5}{\cancel{7} \times 3 \times \boxed{}}$

$= \dfrac{\boxed{}}{\boxed{}}$

分数が3つになっても，計算のしかたは同じだね。

① $\dfrac{11}{4} \div \dfrac{2}{3} \div \dfrac{6}{5}$　　　　　② $\dfrac{1}{9} \div \dfrac{5}{7} \div \dfrac{1}{5}$

③ $\dfrac{1}{8} \div \dfrac{3}{7} \div \dfrac{4}{9}$　　　　　④ $\dfrac{3}{8} \div \dfrac{4}{7} \div \dfrac{3}{4}$

⑤ $\dfrac{3}{10} \div \dfrac{6}{7} \div \dfrac{14}{15}$　　　　⑥ $\dfrac{1}{4} \div 1\dfrac{2}{3} \div \dfrac{4}{7}$

⑦ $\dfrac{3}{5} \div \dfrac{7}{11} \div 1\dfrac{3}{5}$　　　　⑧ $1\dfrac{2}{5} \div 1\dfrac{3}{5} \div 10\dfrac{1}{2}$

3つの分数のわり算もばっちり！

答え ▶ 86ページ

28 分数のわり算
3つの分数のかけ算とわり算

1 □にあてはまる数を書きましょう。

1つ7点【28点】

① $\dfrac{3}{5} \times \dfrac{1}{2} \div \dfrac{4}{9} = \dfrac{3 \times 1 \times \boxed{9}}{5 \times 2 \times \boxed{4}}$ わる数を逆数にして，かけ算だけの式になおす。

$= \dfrac{\boxed{27}}{\boxed{40}}$

② $\dfrac{8}{9} \div \dfrac{6}{35} \times \dfrac{5}{7} = \dfrac{8 \times 35 \times 5}{9 \times 6 \times 7}$ 8と6，35と7で2回約分する。

$= \dfrac{\boxed{}}{\boxed{}}$

③ $\dfrac{13}{10} \times \dfrac{8}{21} \div \dfrac{11}{18} = \dfrac{13 \times 8 \times 18}{10 \times 21 \times 11}$ 8と10，18と21で2回約分する。

$= \dfrac{\boxed{}}{\boxed{}}$

④ $\dfrac{18}{25} \div 3\dfrac{3}{7} \times \dfrac{5}{7} = \dfrac{18 \times 7 \times 5}{25 \times 24 \times 7}$

帯分数は仮分数になおす。

$= \dfrac{\boxed{}}{\boxed{}}$

かけ算とわり算がまじった計算は，かけ算だけの式になおそう！

59

① $\dfrac{1}{4} \times \dfrac{1}{6} \div \dfrac{1}{7}$

② $\dfrac{2}{3} \div \dfrac{3}{4} \times \dfrac{2}{5}$

③ $\dfrac{5}{12} \times \dfrac{1}{11} \div \dfrac{5}{8}$

④ $\dfrac{3}{5} \div \dfrac{7}{10} \times \dfrac{14}{27}$

⑤ $2\dfrac{1}{7} \times \dfrac{3}{5} \div 1\dfrac{2}{7}$

⑥ $\dfrac{3}{7} \div 7\dfrac{1}{2} \times 2\dfrac{1}{2}$

⑦ $\dfrac{1}{6} \times 1\dfrac{1}{5} \div \dfrac{7}{5}$

⑧ $\dfrac{6}{7} \div \dfrac{1}{2} \times \dfrac{2}{3}$

かけ算とわり算がまじった計算ができたね！

答え ▶ 86ページ

29 3つの分数のかけ算と わり算の練習

月　日　15分

得点

点

1 計算をしましょう。　　　　　　　　1つ5点【20点】

① $\dfrac{1}{5} \div \dfrac{1}{4} \div \dfrac{16}{15}$

② $\dfrac{3}{8} \div \dfrac{4}{5} \div \dfrac{9}{16}$

③ $\dfrac{7}{9} \div \dfrac{14}{27} \div 1\dfrac{2}{3}$

④ $\dfrac{7}{45} \div 1\dfrac{1}{9} \times \dfrac{2}{7}$

① $\dfrac{3}{8} \div \dfrac{3}{4} \div \dfrac{5}{7}$

② $2\dfrac{1}{3} \div \dfrac{14}{15} \div \dfrac{3}{4}$

③ $\dfrac{11}{21} \div \dfrac{5}{12} \div 1\dfrac{3}{8}$

④ $\dfrac{7}{10} \times \dfrac{9}{14} \div \dfrac{3}{4}$

⑤ $1\dfrac{3}{14} \div \dfrac{17}{35} \times \dfrac{2}{5}$

⑥ $3\dfrac{1}{9} \div \dfrac{5}{8} \times \dfrac{15}{16}$

⑦ $4\dfrac{1}{5} \times \dfrac{7}{27} \div 1\dfrac{1}{20}$

⑧ $\dfrac{13}{15} \times 4\dfrac{1}{2} \div 1\dfrac{1}{25}$

よくできてるよ！ 最後に見直しをしようね！

答え ▶ 86ページ

分数と小数のわり算

1 □にあてはまる数を書きましょう。

1つ7点【28点】

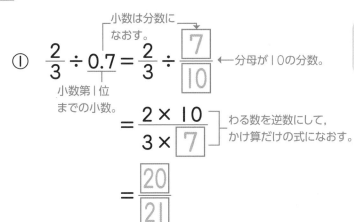

① $\dfrac{2}{3} \div 0.7 = \dfrac{2}{3} \div \dfrac{\boxed{7}}{\boxed{10}}$ ← 分母が10の分数。

（小数は分数になおす。）

（小数第1位までの小数。）

$= \dfrac{2 \times 10}{3 \times \boxed{7}}$ わる数を逆数にして、かけ算だけの式になおす。

$= \dfrac{\boxed{20}}{\boxed{21}}$

ある数を逆数にすることを忘れないようにしよう。

② $0.13 \div \dfrac{2}{3} = \dfrac{\boxed{}}{\boxed{}} \div \dfrac{2}{3}$

（小数第2位までの小数。）

← 分母が100の分数。

$= \dfrac{\boxed{} \times 3}{\boxed{} \times 2}$

$= \dfrac{\boxed{}}{\boxed{}}$

③ $\dfrac{3}{7} \div 0.3 = \dfrac{3}{7} \div \dfrac{\boxed{}}{10}$

$= \dfrac{3 \times \boxed{}}{7 \times \boxed{3}}$

$= \dfrac{\boxed{}}{\boxed{}}$

④ $2.4 \div \dfrac{8}{3} = \dfrac{24}{\boxed{}} \div \dfrac{8}{3}$

$= \dfrac{24 \times 3}{\boxed{} \times 8}$

$= \dfrac{\boxed{}}{\boxed{}}$

2 計算をしましょう。

① $\dfrac{2}{5} \div 0.3$

② $0.07 \div \dfrac{2}{3}$

③ $1.2 \div \dfrac{8}{3}$

④ $0.25 \div \dfrac{5}{8}$

⑤ $2.5 \div \dfrac{5}{4}$

⑥ $1\dfrac{2}{3} \div 0.6$

⑦ $\dfrac{7}{12} \div 1.25$

⑧ $\dfrac{21}{40} \div 0.35$

スラスラ解けるようになったね！ 力がついてきたね！

答え ▶ 86ページ

31 分数と小数・整数のまじった計算

1 □にあてはまる数を書きましょう。　　　　1つ10点【20点】

①　小数は分数になおす。

$$1.3 \times \frac{8}{21} \div \frac{3}{7} = \frac{\boxed{13} \times \overset{\boxed{4}}{8} \times \overset{\boxed{1}}{7}}{\underset{5}{10} \times \underset{3}{21} \times 3}$$

わる数を逆数にして，かけ算だけの式になおす。

$$= \frac{\boxed{52}}{\boxed{45}}$$

②　$$7 \div 2.1 \times \frac{4}{5} = \frac{7 \times \overset{\boxed{}}{10} \times 4}{1 \times \underset{\boxed{}}{21} \times 5}$$

$$= \frac{\boxed{}}{\boxed{}}$$

2 □にあてはまる数を書きましょう。　　　　【10点】

$$3.2 \div 0.8 \times 1.6 = \frac{\overset{\boxed{16}}{32} \times 10 \times \overset{\boxed{2}}{16}}{\underset{5}{10} \times 8 \times \underset{1}{10}}$$

$$= \frac{\boxed{}}{\boxed{}}$$

小数だけの計算も
小数を分数に
なおすと，
計算しやすく
なることがあるよ。

① $4.5 \div \dfrac{9}{13} \times \dfrac{15}{26}$

② $\dfrac{7}{15} \times 1\dfrac{2}{3} \div 1.4$

③ $12 \times 1.9 \div \dfrac{38}{35}$

④ $\dfrac{3}{5} \times 1.6 \div 2\dfrac{2}{5}$

⑤ $2.2 \div 3.9 \div \dfrac{11}{13}$

4 分数のかけ算だけの式になおして計算しましょう。

1つ10点【20点】

① $2.5 \div 1.4 \times 0.7$

② $0.9 \times 1.8 \div 2.7$

よくできました！ 次はパズルだよ！

答え ▶ 86ページ

32 算数パズル [暗号を解こう！]

1 暗号に書かれた計算を解いて，答えカードの文字をあてはめましょう。暗号が示している絵は，①〜③のどれでしょう。

暗 号

$\frac{2}{3} \div \frac{1}{7} =$ ［ア］

$\frac{2}{5} \div \frac{1}{8} =$ ［イ］

$\frac{3}{4} \div \frac{13}{12} =$ ［ウ］

$10 \div \frac{1}{4} =$ ［エ］

$\frac{3}{10} \div \frac{9}{5} =$ ［オ］

$\frac{7}{9} \div \frac{14}{15} =$ ［カ］

$\frac{9}{10} \div \frac{3}{5} =$ ［キ］

［キ］.［ウ］.［オ］.［カ］.［イ］.［ア］.［エ］

答えカード

$\frac{14}{3}$ い　$\frac{6}{5}$ ふ　$\frac{1}{2}$ り　$\frac{16}{5}$ に　$\frac{3}{2}$ あ

$\frac{3}{4}$ め　$\frac{5}{6}$ か　$\frac{1}{6}$ す　40 く　$\frac{9}{13}$ ら

① アメリカ　② アフリカ　③ アラスカ

答え

67

❷ 暗号に書かれた計算を解いて，答えカードの文字をあてはめましょう。暗号が示している絵は，①～③のどれでしょう。

暗号

$\dfrac{1}{10} \div \dfrac{3}{2} = $ ［ア］

$\dfrac{5}{9} \div \dfrac{10}{11} = $ ［イ］

$\dfrac{4}{5} \div \dfrac{10}{9} = $ ［ウ］

$2 \div \dfrac{6}{7} = $ ［エ］

$6 \div \dfrac{8}{5} = $ ［オ］

$\dfrac{8}{9} \div \dfrac{14}{15} = $ ［カ］

$\dfrac{15}{16} \div \dfrac{9}{8} = $ ［キ］

［キ］-［カ］-［オ］-［エ］-［ウ］-［イ］-［ア］

答えカード

| $\dfrac{11}{18}$ む | $\dfrac{11}{9}$ か | $\dfrac{5}{6}$ い | $\dfrac{8}{9}$ を | $\dfrac{15}{4}$ う |
| $\dfrac{20}{21}$ も | $\dfrac{7}{3}$ と | $\dfrac{1}{15}$ く | $\dfrac{5}{18}$ な | $\dfrac{18}{25}$ が |

① ② ③

答え

答え ▶ 87ページ

分数のたし算・ひき算

1 □にあてはまる数を書きましょう。　　　　　　　　1つ4点【12点】

① $\dfrac{1}{4} + \dfrac{1}{5} = \dfrac{\boxed{5}}{\boxed{20}} + \dfrac{\boxed{4}}{\boxed{20}}$ 　通分して，分母が 20の分数にする。

　　　　　　$= \dfrac{\boxed{9}}{\boxed{20}}$

② $\dfrac{7}{12} - \dfrac{1}{3} = \dfrac{7}{12} - \dfrac{4}{12}$

　　　$= \dfrac{\boxed{}}{\boxed{}}$

　　　$= \dfrac{\boxed{}}{\boxed{}}$

③ $3\dfrac{1}{4} - \dfrac{1}{3} = 3\dfrac{3}{12} - \dfrac{4}{12}$

　　　$= \boxed{2}\dfrac{\boxed{}}{\boxed{}} - \dfrac{\boxed{}}{\boxed{}}$

　　　$= \boxed{}\dfrac{\boxed{}}{\boxed{}}$

2 計算をしましょう。　　　　　　①, ②1つ4点, ③, ④1つ5点【18点】

① $2\dfrac{1}{5} + \dfrac{3}{5}$

② $4 - \dfrac{2}{7}$

③ $1\dfrac{2}{3} + 2\dfrac{2}{3}$

④ $4\dfrac{7}{9} - 1\dfrac{8}{9}$

① $\dfrac{1}{2} + \dfrac{1}{6}$

② $\dfrac{3}{4} - \dfrac{1}{12}$

③ $\dfrac{1}{5} + \dfrac{3}{4}$

④ $\dfrac{7}{8} - \dfrac{3}{4}$

⑤ $\dfrac{5}{6} + \dfrac{1}{8}$

⑥ $\dfrac{7}{9} - \dfrac{1}{6}$

⑦ $2\dfrac{1}{2} + \dfrac{7}{8}$

⑧ $4\dfrac{3}{4} - \dfrac{2}{3}$

⑨ $3\dfrac{1}{3} + 2\dfrac{8}{9}$

⑩ $3\dfrac{1}{4} - 1\dfrac{3}{5}$

⑪ $1\dfrac{3}{5} + 2\dfrac{9}{10}$

⑫ $4\dfrac{1}{6} - 2\dfrac{1}{2}$

⑬ $\dfrac{1}{3} + \dfrac{3}{4} + \dfrac{7}{12}$

⑭ $\dfrac{1}{2} + \dfrac{2}{3} + \dfrac{3}{8}$

小学校の分数の計算のまとめだよ。がんばろう！

答え ▶ 87ページ

34 分数の計算のまとめ
分数のかけ算・わり算

1 □にあてはまる数を書きましょう。　　　　　　　　1つ4点【12点】

① $\dfrac{3}{10} \times \dfrac{2}{5} = \dfrac{3 \times 2}{10 \times 5}$ ——約分する。

$$= \dfrac{3}{25}$$

② $\dfrac{3}{5} \div \dfrac{12}{5} = \dfrac{3 \times 5}{5 \times 12}$

$$= \dfrac{\square}{\square}$$

③ 帯分数は仮分数になおす。

$\dfrac{5}{14} \div 1\dfrac{2}{7} = \dfrac{5}{14} \div \dfrac{9}{7}$

$$= \dfrac{5 \times 7}{14 \times 9}$$

$$= \dfrac{\square}{\square}$$

2 計算をしましょう。　　　　　　　①, ③1つ4点, ②, ④1つ5点【18点】

① $\dfrac{3}{8} \times \dfrac{2}{5}$

② $\dfrac{5}{9} \times 1\dfrac{1}{11}$

③ $\dfrac{5}{6} \div \dfrac{2}{3}$

④ $1\dfrac{1}{8} \div \dfrac{5}{6}$

3 計算をしましょう。

① $\dfrac{5}{9} \times 6$

② $16 \times \dfrac{3}{4}$

③ $\dfrac{3}{4} \times \dfrac{9}{5}$

④ $\dfrac{7}{3} \times \dfrac{1}{6}$

⑤ $\dfrac{6}{5} \times \dfrac{15}{8}$

⑥ $\dfrac{3}{7} \times 1\dfrac{1}{4}$

⑦ $1\dfrac{5}{9} \times 2\dfrac{1}{4}$

⑧ $\dfrac{8}{9} \div 4$

⑨ $12 \div \dfrac{3}{5}$

⑩ $\dfrac{3}{4} \div \dfrac{7}{3}$

⑪ $\dfrac{9}{4} \div \dfrac{5}{6}$

⑫ $\dfrac{21}{8} \div \dfrac{35}{12}$

⑬ $2\dfrac{1}{4} \div \dfrac{2}{3}$

⑭ $1\dfrac{7}{15} \div 2\dfrac{1}{5}$

計算のしかたが身についてるね！ すごい！

答え ▶ 87ページ

35 分数の計算のまとめ
3つの分数の計算

月　　日　**15** 分

得点

点

---

1 □にあてはまる数を書きましょう。　　　　　　1つ5点【10点】

① $\dfrac{3}{4} \times \dfrac{1}{5} \times \dfrac{8}{9} = \dfrac{\overset{[1]}{\cancel{3}} \times 1 \times \overset{[2]}{\cancel{8}}}{\underset{[1]}{\cancel{4}} \times 5 \times \underset{[3]}{\cancel{9}}}$ ─ 3と9，8と4で2回約分できる。

$= \dfrac{[2]}{[15]}$

② $\dfrac{7}{9} \div 5\dfrac{2}{3} \times 1\dfrac{3}{14} = \dfrac{7}{9} \div \dfrac{17}{3} \times \dfrac{17}{14}$ ─ 帯分数を仮分数になおす。

$= \dfrac{\overset{\square}{\cancel{7}} \times \overset{\square}{3} \times \overset{\square}{\cancel{17}}}{\underset{\square}{\cancel{9}} \times \underset{\square}{\cancel{17}} \times \underset{\square}{\cancel{14}}}$ ─ かけ算だけの式になおす。

$= \dfrac{\square}{\square}$

---

2 計算をしましょう。　　　　　　1つ5点【20点】

① $\dfrac{1}{2} \times \dfrac{3}{5} \times \dfrac{3}{7}$ 　　　　② $\dfrac{1}{5} \times \dfrac{2}{3} \times \dfrac{5}{9}$

③ $\dfrac{2}{5} \times \dfrac{2}{3} \div \dfrac{7}{10}$ 　　　　④ $\dfrac{2}{5} \div \dfrac{7}{6} \times \dfrac{1}{3}$

① $\dfrac{12}{5} \times \dfrac{3}{7} \times \dfrac{15}{8}$

② $\dfrac{8}{7} \times \dfrac{35}{9} \times \dfrac{3}{16}$

③ $\dfrac{5}{9} \times \dfrac{5}{7} \div \dfrac{1}{14}$

④ $\dfrac{4}{7} \div \dfrac{12}{5} \times \dfrac{5}{3}$

⑤ $\dfrac{5}{2} \times \dfrac{8}{3} \div \dfrac{25}{6}$

⑥ $\dfrac{3}{5} \times \dfrac{7}{8} \div 1\dfrac{3}{4}$

⑦ $3\dfrac{1}{2} \div 1\dfrac{2}{5} \times \dfrac{4}{5}$

⑧ $4\dfrac{4}{5} \times \dfrac{5}{7} \div 4\dfrac{4}{7}$

⑨ $1\dfrac{3}{4} \div 4\dfrac{1}{5} \div 2\dfrac{1}{2}$

⑩ $1\dfrac{2}{7} \div 1\dfrac{1}{5} \div 3\dfrac{4}{7}$

かけ算・わり算の計算はばっちりだね！

答え ▶ 87ページ

36 分数の計算のまとめ
分数と小数の計算

1 □にあてはまる数を書きましょう。　　　　　　　　　1つ4点【12点】

① $\dfrac{2}{3} + 0.3 = \dfrac{2}{3} + \dfrac{\boxed{3}}{\boxed{10}}$

0.3を分母が10の
分数になおす。

$= \dfrac{20}{30} + \dfrac{\boxed{9}}{\boxed{30}}$

$= \dfrac{\boxed{}}{\boxed{30}}$

② $\dfrac{5}{7} \div 1.5 = \dfrac{5}{7} \div \dfrac{15}{10}$

$= \dfrac{5 \times \overset{\boxed{}}{10}}{7 \times \cancel{15}}$

$= \dfrac{\boxed{}}{\boxed{}}$

③ $0.03 \times \dfrac{4}{7} = \dfrac{3}{100} \times \dfrac{4}{7}$

0.03を
分母が100の
分数になおす。

$= \dfrac{3 \times \overset{\boxed{}}{\cancel{4}}}{100 \times 7}_{\boxed{}}$

$= \dfrac{\boxed{}}{\boxed{}}$

2 計算をしましょう。　　　　　①, ②1つ4点, ③, ④1つ5点【18点】

① $0.2 + \dfrac{3}{5}$

② $\dfrac{3}{4} - 0.4$

③ $0.1 \div \dfrac{3}{7}$

④ $\dfrac{7}{12} \times 0.8$

3 計算をしましょう。 1つ7点【70点】

① $\dfrac{1}{2} + 0.75$

② $\dfrac{3}{5} - 0.3$

③ $1.4 \times \dfrac{6}{7}$

④ $\dfrac{4}{15} \times 1.2$

⑤ $0.6 \times \dfrac{4}{9}$

⑥ $\dfrac{5}{6} \times 0.24$

⑦ $\dfrac{3}{8} \div 0.7$

⑧ $0.3 \div \dfrac{7}{6}$

⑨ $\dfrac{2}{9} \div 1.5$

⑩ $0.35 \div \dfrac{3}{5}$

小数と分数の計算はマスターしたね！

答え ▶ 88ページ

いろいろな分数の計算

---

1 □にあてはまる数を書きましょう。 　　　　　　　　　　1つ7点【14点】

小数を分数になおす。

① $\dfrac{2}{3} + 0.3 - \dfrac{3}{5} = \dfrac{2}{3} + \dfrac{\boxed{3}}{\boxed{10}} - \dfrac{3}{5}$

$= \dfrac{\boxed{20}}{\boxed{30}} + \dfrac{\boxed{9}}{\boxed{30}} - \dfrac{\boxed{18}}{\boxed{30}}$ ← 通分して計算する。

$= \dfrac{\boxed{11}}{\boxed{30}}$

小数を分数になおす。

② $\dfrac{2}{3} \times 0.9 \div \dfrac{5}{6} = \dfrac{2}{3} \times \dfrac{\boxed{}}{\boxed{}} \div \dfrac{5}{6}$

$= \dfrac{2 \times 9 \times 6}{3 \times 10 \times 5}$

$= \dfrac{\boxed{}}{\boxed{}}$

---

2 計算をしましょう。 　　　　　　　　　　1つ7点【28点】

① $\dfrac{1}{2} + 0.7 - \dfrac{3}{4}$

② $\dfrac{1}{3} - \dfrac{1}{4} + 0.5$

③ $0.2 \times \dfrac{7}{9} \div \dfrac{2}{3}$

④ $\dfrac{7}{15} \div 0.4 \times \dfrac{5}{6}$

3 計算をしましょう。 1つ7点【42点】

① $\dfrac{1}{2} + \dfrac{1}{3} - 0.7$

② $0.9 - \dfrac{3}{4} + \dfrac{3}{8}$

③ $\dfrac{3}{4} \times 0.8 \div \dfrac{6}{7}$

④ $0.3 \div \dfrac{3}{7} \times 2.5$

⑤ $\dfrac{5}{7} \div 4.5 \times 1\dfrac{1}{5}$

⑥ $3\dfrac{3}{5} \times 0.4 \div 2.4$

4 分数のかけ算だけの式になおして計算しましょう。 1つ8点【16点】

① $2.6 \times 4.9 \div 4.2$

② $1.5 \div 1.4 \times 2.1$

分数の計算はばっちり！ 最後は、まとめテストだよ！

答え ▶ 88ページ

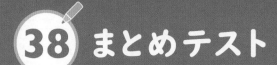
38　まとめテスト

1 計算をしましょう。　　　　　　　　　　　　　　　　1つ4点【40点】

① $\dfrac{1}{9} \times 2$

② $3 \times \dfrac{2}{15}$

③ $\dfrac{7}{10} \times \dfrac{3}{14}$

④ $\dfrac{11}{15} \times \dfrac{5}{33}$

⑤ $2\dfrac{2}{3} \times \dfrac{5}{8}$

⑥ $\dfrac{2}{9} \times 2\dfrac{1}{4}$

⑦ $1\dfrac{3}{7} \times 2\dfrac{1}{2}$

⑧ $3\dfrac{1}{3} \times 1\dfrac{1}{5}$

⑨ $0.6 \times \dfrac{2}{3}$

⑩ $4.5 \times \dfrac{5}{6} \times 1\dfrac{1}{3}$

2 くふうして計算をしましょう。　　　　　　　　　　　1つ5点【10点】

① $\left(\dfrac{7}{9} - \dfrac{5}{12}\right) \times 36$

② $21 \times \dfrac{3}{4} + 15 \times \dfrac{3}{4}$

3 計算をしましょう。 1つ4点【40点】

① $\dfrac{3}{4} \div 7$

② $6 \div \dfrac{8}{9}$

③ $\dfrac{2}{5} \div \dfrac{3}{7}$

④ $\dfrac{5}{8} \div \dfrac{15}{32}$

⑤ $\dfrac{1}{4} \div 1\dfrac{1}{2}$

⑥ $\dfrac{7}{10} \div 2\dfrac{1}{3}$

⑦ $1\dfrac{2}{3} \div 2\dfrac{2}{9}$

⑧ $3\dfrac{3}{4} \div 1\dfrac{1}{2}$

⑨ $0.5 \div \dfrac{3}{4}$

⑩ $\dfrac{4}{5} \div 2\dfrac{1}{10} \div \dfrac{3}{7}$

4 計算をしましょう。 1つ5点【10点】

① $1\dfrac{3}{4} \div \dfrac{14}{15} \times \dfrac{1}{3}$

② $2.4 \times 1\dfrac{1}{20} \div 0.7$

答え ▶ 88ページ

答えとアドバイス

▶まちがえた問題は，もう一度やり直しましょう。
▶ ❷アドバイス を読んで，学習に役立てましょう。

1 分数×整数①　5~6ページ

1 それぞれ順に
①2，5，2，5　②4，2，8
③1，5，5　④3，10，9，10
⑤4，15，8，15　⑥2，7，10，7
⑦3，5，12，5　⑧7，9，77，9

2 ①$\dfrac{6}{7}$　②$\dfrac{5}{8}$　③$\dfrac{8}{9}$　④$\dfrac{9}{11}$

⑤$\dfrac{7}{10}$　⑥$\dfrac{10}{7}\left(1\dfrac{3}{7}\right)$

⑦$\dfrac{15}{11}\left(1\dfrac{4}{11}\right)$　⑧$\dfrac{35}{12}\left(2\dfrac{11}{12}\right)$

⑨$\dfrac{28}{15}\left(1\dfrac{13}{15}\right)$　⑩$\dfrac{120}{13}\left(9\dfrac{3}{13}\right)$

❷アドバイス　分数に整数をかける計算は，分母はそのままにして，分子にその整数をかけます。また，答えは，仮分数，帯分数のどちらで答えてもよいです。

2 分数×整数②　7~8ページ

1 それぞれ順に
①1，4，3，4　②1，3，2，3
③1，2，1，2　④1，3，5，3
⑤2，1，6　⑥3，1，3

2 ①$\dfrac{1}{2}$　②$\dfrac{1}{3}$　③$\dfrac{4}{5}$　④$\dfrac{3}{4}$

⑤$\dfrac{9}{4}\left(2\dfrac{1}{4}\right)$　⑥$\dfrac{8}{3}\left(2\dfrac{2}{3}\right)$

⑦$\dfrac{16}{3}\left(5\dfrac{1}{3}\right)$　⑧$\dfrac{21}{4}\left(5\dfrac{1}{4}\right)$

⑨10　⑩21

3 分数×整数の練習　9~10ページ

1 それぞれ順に
①2，10　②6，12　③4，4
④5，20　⑤3，9　⑥7，49
⑦8，16　⑧4，20　⑨1，3
⑩3，3　⑪2，4　⑫3，3
⑬2，18

2 ①$\dfrac{14}{15}$　②$\dfrac{9}{20}$　③$\dfrac{16}{11}\left(1\dfrac{5}{11}\right)$

④$\dfrac{36}{13}\left(2\dfrac{10}{13}\right)$　⑤$\dfrac{2}{3}$　⑥$\dfrac{7}{8}$

⑦$\dfrac{39}{4}\left(9\dfrac{3}{4}\right)$　⑧$\dfrac{4}{3}\left(1\dfrac{1}{3}\right)$

⑨$\dfrac{8}{3}\left(2\dfrac{2}{3}\right)$　⑩$\dfrac{14}{3}\left(4\dfrac{2}{3}\right)$

⑪33　⑫4

4 分数÷整数①　11~12ページ

1 それぞれ順に
①2，3，2，15　②2，4，8
③7，2，5，14　④5，3，5，24
⑤7，4，7，36　⑥8，5，8，35
⑦5，2，5，6　⑧9，4，9，16

2 ①$\dfrac{2}{15}$　②$\dfrac{1}{12}$　③$\dfrac{5}{24}$

④$\dfrac{3}{35}$　⑤$\dfrac{7}{80}$　⑥$\dfrac{5}{48}$

⑦$\dfrac{3}{8}$　⑧$\dfrac{13}{72}$

⑨$\dfrac{31}{15}\left(2\dfrac{1}{15}\right)$　⑩$\dfrac{27}{25}\left(1\dfrac{2}{25}\right)$

❷アドバイス　分数を整数でわる計算は，分子はそのままにして，分母にその整数をかけます。

⑤ 分数÷整数②　13~14ページ

1 それぞれ順に

① 1, 2, 1, 6　② 1, 2, 1, 14

③ 3, 1, 3, 10　④ 3, 1, 3, 5

⑤ 2, 1, 2, 3　⑥ 1, 2, 1, 4

2 ① $\dfrac{1}{10}$　② $\dfrac{1}{9}$　③ $\dfrac{2}{21}$

④ $\dfrac{1}{16}$　⑤ $\dfrac{1}{22}$　⑥ $\dfrac{2}{45}$

⑦ $\dfrac{4}{7}$　⑧ $\dfrac{3}{16}$　⑨ $\dfrac{1}{6}$

⑩ $\dfrac{3}{25}$

⑥ 分数÷整数の練習　15~16ページ

1 それぞれ順に

① 3, 21　② 7, 77　③ 5, 25

④ 2, 18　⑤ 6, 18　⑥ 4, 32

⑦ 1, 1　⑧ 2, 2　⑨ 2, 2

⑩ 2, 2　⑪ 4, 20　⑫ 3, 57

⑬ 3, 21

2 ① $\dfrac{3}{8}$　② $\dfrac{7}{66}$　③ $\dfrac{13}{30}$

④ $\dfrac{20}{63}$　⑤ $\dfrac{3}{28}$　⑥ $\dfrac{5}{22}$

⑦ $\dfrac{1}{18}$　⑧ $\dfrac{2}{45}$　⑨ $\dfrac{2}{51}$

⑩ $\dfrac{3}{65}$　⑪ $\dfrac{3}{40}$　⑫ $\dfrac{4}{75}$

！アドバイス　わる数の整数を分母にかけるときには，まず分子と約分できるかどうかを考えて，約分できるときは約分してから計算しましょう。

⑦ 約分のない分数のかけ算　17~18ページ

1 それぞれ順に

① 2, 5, 6, 35

② 2, 5, 2, 15　③ 4, 9, 32

④ 3, 7, 4, 5, 21, 20

⑤ 5, 5, 3, 2, 25, 6

⑥ 1, 6, 5, 18

⑦ 2, 5, 14, 45

⑧ 3, 3, 4, 5, 9, 20

2 ① $\dfrac{8}{15}$　② $\dfrac{4}{9}$　③ $\dfrac{5}{32}$　④ $\dfrac{15}{28}$

⑤ $\dfrac{35}{48}$　⑥ $\dfrac{3}{35}$　⑦ $\dfrac{9}{20}$　⑧ $\dfrac{5}{6}$

⑨ $\dfrac{32}{63}$　⑩ $\dfrac{20}{21}$

⑧ 約分が1回ある分数のかけ算①　19~20ページ

1 それぞれ順に

① 1, 3, 4, 15　② 1, 4, 7, 12

③ 1, 2, 3, 10　④ 1, 2, 7, 6

⑤ 5, 4, 25, 44　⑥ 3, 2, 15, 8

2 ① $\dfrac{4}{9}$　② $\dfrac{9}{28}$　③ $\dfrac{6}{25}$　④ $\dfrac{7}{20}$

⑤ $\dfrac{5}{14}$　⑥ $\dfrac{5}{28}$　⑦ $\dfrac{14}{33}$

⑧ $\dfrac{20}{9}\left(2\dfrac{2}{9}\right)$　　⑨ $\dfrac{14}{3}\left(4\dfrac{2}{3}\right)$

⑩ $\dfrac{22}{15}\left(1\dfrac{7}{15}\right)$

⑨ 約分が1回ある分数のかけ算②　21~22ページ

1 それぞれ順に

① 1, 2, 3, 2　② 1, 3, 1, 3

③ 1, 2, 3, 2　④ 4, 1, 8, 5

⑤ 3, 2, 9, 10　⑥ 1, 3, 37, 6

2 ① $\dfrac{3}{2}\left(1\dfrac{1}{2}\right)$　② $\dfrac{5}{6}$　③ $\dfrac{4}{5}$　④ 10

⑤ $\dfrac{9}{2}\left(4\dfrac{1}{2}\right)$　⑥ $\dfrac{48}{5}\left(9\dfrac{3}{5}\right)$　⑦ $\dfrac{3}{7}$

⑧ $\dfrac{14}{9}\left(1\dfrac{5}{9}\right)$　⑨ $\dfrac{4}{5}$　⑩ $\dfrac{10}{9}\left(1\dfrac{1}{9}\right)$

！アドバイス　帯分数のかけ算では，帯分数を仮分数になおして計算します。

10 約分が2回ある分数のかけ算① 23~24ページ

1 それぞれ順に

① 1, 2, 1, 2
② 1, 3, 4, 2, 3, 8
③ 1, 1, 3, 5, 1, 15
④ 1, 5, 2, 3, 5, 6
⑤ 1, 3, 1, 4, 3, 4
⑥ 1, 2, 1, 5, 2, 5

2 ① $\dfrac{2}{3}$　② $\dfrac{1}{4}$　③ $\dfrac{3}{4}$　④ $\dfrac{1}{3}$

⑤ $\dfrac{2}{5}$　⑥ $\dfrac{2}{3}$　⑦ $\dfrac{2}{3}$　⑧ $\dfrac{5}{21}$

⑨ $\dfrac{11}{35}$　⑩ $\dfrac{9}{4}\left(2\dfrac{1}{4}\right)$

11 約分が2回ある分数のかけ算② 25~26ページ

1 それぞれ順に

① 1, 2, 1, 2
② 5, 1, 1, 3, 5, 3
③ 1, 3, 1, 2, 3, 2
④ 4, 4, 1, 3, 16, 3
⑤ 1, 9, 1, 2, 9, 2
⑥ 1, 5, 1, 1, 5

2 ① $\dfrac{1}{2}$　② $\dfrac{1}{3}$　③ $\dfrac{3}{4}$　④ $\dfrac{3}{4}$

⑤ 5　⑥ $\dfrac{18}{5}\left(3\dfrac{3}{5}\right)$　⑦ $\dfrac{3}{2}\left(1\dfrac{1}{2}\right)$

⑧ $\dfrac{15}{2}\left(7\dfrac{1}{2}\right)$　⑨ 24　⑩ 6

12 分数のかけ算の練習① 27~28ページ

1 ①順に　3, 2, 3, 8

② $\dfrac{8}{45}$　③ $\dfrac{6}{35}$　④ $\dfrac{24}{65}$

⑤順に　2, 3, 10, 21

⑥ $\dfrac{20}{39}$　⑦ $\dfrac{39}{16}\left(2\dfrac{7}{16}\right)$　⑧ $\dfrac{11}{16}$

2 ① $\dfrac{18}{35}$　② $\dfrac{27}{40}$　③ $\dfrac{5}{14}$　④ $\dfrac{7}{24}$

⑤ $\dfrac{25}{72}$　⑥ $\dfrac{9}{32}$　⑦ $\dfrac{7}{15}$　⑧ $\dfrac{11}{40}$

⑨ $\dfrac{27}{32}$　⑩ $\dfrac{10}{21}$

13 分数のかけ算の練習② 29~30ページ

1 ①順に　1, 1, 5, 6　② $\dfrac{6}{5}\left(1\dfrac{1}{5}\right)$

③ $\dfrac{2}{3}$　④ $\dfrac{25}{7}\left(3\dfrac{4}{7}\right)$

⑤順に　1, 4, 1, 5, 4, 5

⑥ $\dfrac{3}{5}$　⑦ 6　⑧ 6

2 ① $\dfrac{5}{4}\left(1\dfrac{1}{4}\right)$　② $\dfrac{7}{16}$　③ $\dfrac{9}{5}\left(1\dfrac{4}{5}\right)$

④ $\dfrac{10}{23}$　⑤ 4　⑥ $\dfrac{5}{21}$　⑦ $\dfrac{3}{25}$

⑧ 4　⑨ 12　⑩ 4

14 3つの分数のかけ算 31~32ページ

1 それぞれ順に

① 3, 1, 3, 4, 2, 5, 9, 40
② 1, 1, 1, 2, 1, 14
③ 3, 1, 1, 1, 2, 1, 3, 2
④ 1, 2, 1, 1, 22, 7

2 ① $\dfrac{1}{30}$　② $\dfrac{8}{45}$　③ $\dfrac{25}{56}$　④ $\dfrac{9}{140}$

⑤ $\dfrac{2}{15}$　⑥ $\dfrac{1}{21}$　⑦ $\dfrac{28}{15}\left(1\dfrac{13}{15}\right)$

⑧ $\dfrac{98}{5}\left(19\dfrac{3}{5}\right)$

⚡アドバイス　3つの分数のかけ算は、まとめて計算することがポイントです。約分できることが多いので、約分を忘れないようにしましょう。約分は1回だけとはかぎりません。2回、3回できることもあります。

15 分数と小数のかけ算　33~34ページ

1 それぞれ順に
① 3，10，3，10，9，40
② 7，100，7，100，21，500
③ 4，1，4，5，4，15
④ 10，3，10，1，9，10

2 ① $\dfrac{7}{15}$　② $\dfrac{69}{700}$　③ $\dfrac{13}{25}$(0.52)
④ $\dfrac{9}{10}$(0.9)　⑤ 4　⑥ $\dfrac{1}{15}$
⑦ $\dfrac{3}{10}$(0.3)　⑧ $\dfrac{9}{4}\left(2\dfrac{1}{4}, 2.25\right)$

16 くふうしてする計算　35~36ページ

1 それぞれ順に
① 1，1，1，1，1，5，7
② 4，1，3，1，9，29
③ 1，1，3，20

2 ① $\dfrac{4}{5}$　② $\dfrac{2}{11}$　③ $\dfrac{5}{9}$　④ 19
⑤ $\dfrac{19}{16}\left(1\dfrac{3}{16}\right)$　⑥ 5　⑦ $\dfrac{1}{17}$　⑧ $\dfrac{2}{3}$
⑨ 4　⑩ 6

17 分数のかけ算の練習③　37~38ページ

1 ①順に
5，6，2，3，7，15，4，21
② $\dfrac{4}{15}$　③ $\dfrac{1}{3}$

2 順に
8，1，5，1，32，15，17

3 ① $\dfrac{1}{5}$　② $\dfrac{9}{16}$　③ $\dfrac{15}{8}\left(1\dfrac{7}{8}\right)$　④ $\dfrac{4}{5}$

4 ① 14　② $\dfrac{1}{23}$　③ $\dfrac{3}{7}$　④ $\dfrac{3}{8}$

18 逆数　39~40ページ

1 それぞれ順に
① 5，2　② 4，3　③ 9，4
④ 5，8　　　⑤ 7，13

2 それぞれ順に
① 1，7　② 1，4　③ 10，9

3 ① $\dfrac{12}{7}$　② $\dfrac{9}{5}$　③ $\dfrac{9}{16}$　④ $\dfrac{6}{35}$
⑤ $\dfrac{1}{3}$　⑥ $\dfrac{1}{10}$　⑦ $\dfrac{1}{15}$　⑧ $\dfrac{1}{23}$
⑨ $\dfrac{10}{7}$　⑩ $\dfrac{10}{19}$　⑪ $\dfrac{10}{21}$　⑫ $\dfrac{10}{57}$
⑬ 50　⑭ $\dfrac{20}{3}$

19 算数パズル　41~42ページ

❶ ① $\dfrac{1}{3}$　② $\dfrac{1}{24}$

❷ ① $\dfrac{1}{3}$　② $\dfrac{9}{10}$　③ $\dfrac{8}{15}$　④ $\dfrac{21}{25}$

20 約分がない分数のわり算　43~44ページ

1 それぞれ順に
① 7，5，14，15　② 5，3，5，12
③ 7，3，49，18

2 ① $\dfrac{9}{4}\left(2\dfrac{1}{4}\right)$　② $\dfrac{5}{6}$　③ $\dfrac{9}{28}$
④ $\dfrac{27}{25}\left(1\dfrac{2}{25}\right)$　⑤ $\dfrac{13}{10}\left(1\dfrac{3}{10}\right)$

3 ① $\dfrac{2}{3}$　② $\dfrac{5}{4}\left(1\dfrac{1}{4}\right)$　③ $\dfrac{56}{45}\left(1\dfrac{11}{45}\right)$
④ $\dfrac{25}{24}\left(1\dfrac{1}{24}\right)$　⑤ $\dfrac{20}{27}$　⑥ $\dfrac{24}{77}$
⑦ $\dfrac{9}{49}$　⑧ $\dfrac{16}{15}\left(1\dfrac{1}{15}\right)$
⑨ $\dfrac{21}{16}\left(1\dfrac{5}{16}\right)$　⑩ $\dfrac{27}{20}\left(1\dfrac{7}{20}\right)$

アドバイス　分数のわり算では，わる分数の分母と分子を入れかえて，かけ算のかたちにして計算します。

㉑ 約分が1回ある分数のわり算① 45~46ページ

1 それぞれ順に
① 1, 2, 5, 6　　② 1, 2, 7, 10
③ 5, 4, 25, 36　④ 3, 1, 12, 7
⑤ 1, 3, 5, 12　　⑥ 2, 3, 10, 21

2 ① $\frac{6}{5}\left(1\frac{1}{5}\right)$　② $\frac{7}{8}$　③ $\frac{7}{10}$　④ $\frac{6}{7}$

⑤ 10　　　　　⑥ $\frac{22}{15}\left(1\frac{7}{15}\right)$

⑦ $\frac{2}{9}$　　　　　⑧ $\frac{46}{35}\left(1\frac{11}{35}\right)$

⑨ $\frac{15}{4}\left(3\frac{3}{4}\right)$　⑩ $\frac{14}{13}\left(1\frac{1}{13}\right)$

㉒ 約分が1回ある分数のわり算② 47~48ページ

1 それぞれ順に
① 1, 2, 5, 2　　② 2, 3, 20, 3
③ 1, 3, 16, 3　④ 1, 3, 2, 15
⑤ 1, 2, 5, 18　⑥ 5, 1, 25, 4

2 ① 32　　　　　② $\frac{11}{2}\left(5\frac{1}{2}\right)$

③ $\frac{26}{3}\left(8\frac{2}{3}\right)$　④ 14

⑤ $\frac{5}{9}$　　　　　⑥ $\frac{5}{18}$

⑦ $\frac{3}{14}$　　　　⑧ $\frac{28}{9}\left(3\frac{1}{9}\right)$

⑨ $\frac{16}{5}\left(3\frac{1}{5}\right)$　⑩ $\frac{14}{5}\left(2\frac{4}{5}\right)$

㉓ 約分が2回ある分数のわり算① 49~50ページ

1 それぞれ順に
① 5, 2, 5, 6
② 1, 4, 3, 1, 4, 3
③ 1, 1, 2, 1, 1, 2
④ 2, 3, 5, 1, 6, 5
⑤ 1, 2, 3, 1, 2, 3
⑥ 2, 1, 3, 1, 2, 3

2 ① $\frac{5}{6}$　　　② $\frac{2}{3}$　③ $\frac{6}{5}\left(1\frac{1}{5}\right)$

④ $\frac{3}{2}\left(1\frac{1}{2}\right)$　⑤ $\frac{3}{4}$　⑥ $\frac{2}{3}$　⑦ $\frac{4}{5}$

⑧ $\frac{9}{4}\left(2\frac{1}{4}\right)$　⑨ $\frac{3}{4}$　⑩ $\frac{4}{3}\left(1\frac{1}{3}\right)$

㉔ 約分が2回ある分数のわり算② 51~52ページ

1 それぞれ順に
① 1, 3, 1, 5, 3, 5
② 1, 2, 1, 5, 2, 5
③ 1, 3, 1, 2, 3, 2
④ 1, 2, 1, 3, 2, 3
⑤ 1, 4, 1, 3, 4, 3

2 ① $\frac{5}{2}\left(2\frac{1}{2}\right)$　② 2　③ $\frac{16}{3}\left(5\frac{1}{3}\right)$

④ $\frac{20}{3}\left(6\frac{2}{3}\right)$　⑤ $\frac{2}{11}$　⑥ $\frac{1}{6}$　⑦ $\frac{2}{3}$

⑧ $\frac{1}{4}$　⑨ $\frac{3}{2}\left(1\frac{1}{2}\right)$　⑩ $\frac{3}{8}$

㉕ 分数のわり算の練習① 53~54ページ

1 ① 順に　7, 5, 8, 3, 35, 24

② $\frac{20}{27}$　③ 順に　1, 3, 7, 6

④ $\frac{5}{14}$　⑤ $\frac{25}{3}\left(8\frac{1}{3}\right)$　⑥ $\frac{49}{102}$

⑦ $\frac{55}{17}\left(3\frac{4}{17}\right)$

2 ① $\frac{5}{3}\left(1\frac{2}{3}\right)$　② $\frac{27}{14}\left(1\frac{13}{14}\right)$　③ $\frac{16}{63}$

④ $\frac{35}{36}$　⑤ $\frac{9}{16}$　⑥ $\frac{15}{4}\left(3\frac{3}{4}\right)$

⑦ $\frac{11}{20}$　⑧ $\frac{9}{16}$　⑨ $\frac{13}{3}\left(4\frac{1}{3}\right)$

⑩ $\frac{36}{5}\left(7\frac{1}{5}\right)$

⚠️アドバイス　約分は，できるときも，できないときもあることに注意しましょう。

26 分数のわり算の練習②　55~56ページ

1 ①順に　1, 2, 1, 1, 2　②$\frac{7}{8}$

③順に　1, 5, 1, 2, 5, 2　④$\frac{2}{3}$

⑤$\frac{5}{6}$　⑥$\frac{7}{12}$　⑦$\frac{25}{28}$

2 ①$\frac{1}{2}$　②$\frac{92}{81}\left(1\frac{11}{81}\right)$　③$\frac{9}{10}$

④$\frac{7}{8}$　⑤$\frac{9}{2}\left(4\frac{1}{2}\right)$　⑥$\frac{8}{3}\left(2\frac{2}{3}\right)$

⑦$\frac{4}{21}$　⑧$\frac{3}{10}$　⑨$\frac{9}{2}\left(4\frac{1}{2}\right)$　⑩6

27 3つの分数のわり算　57~58ページ

1 それぞれ順に
①3, 5, 18, 25
②2, 1, 32, 35
③2, 1, 1, 1, 14, 9
④9, 5, 2, 1, 9, 40, 27

2 ①$\frac{55}{16}\left(3\frac{7}{16}\right)$　②$\frac{7}{9}$　③$\frac{21}{32}$　④$\frac{7}{8}$

⑤$\frac{3}{8}$　⑥$\frac{21}{80}$　⑦$\frac{33}{56}$　⑧$\frac{1}{12}$

28 3つの分数のかけ算とわり算　59~60ページ

1 それぞれ順に
①9, 4, 27, 40
②4, 5, 3, 1, 100, 27
③4, 6, 5, 7, 312, 385
④3, 1, 1, 5, 4, 1, 3, 20

2 ①$\frac{7}{24}$　②$\frac{16}{45}$　③$\frac{2}{33}$　④$\frac{4}{9}$

⑤1　⑥$\frac{1}{7}$　⑦$\frac{1}{7}$　⑧$\frac{8}{7}\left(1\frac{1}{7}\right)$

💬アドバイス　分数の計算のきまりを
しっかり身につけておきましょう。わ
り算がある式ではわる数を逆数にして
かけ算だけの式にしましょう。

29 3つの分数のかけ算とわり算の練習　61~62ページ

1 ①$\frac{3}{4}$　②$\frac{5}{6}$　③$\frac{9}{10}$　④$\frac{1}{25}$

2 ①$\frac{7}{10}$　②$\frac{10}{3}\left(3\frac{1}{3}\right)$　③$\frac{32}{35}$

④$\frac{3}{5}$　⑤1　⑥$\frac{14}{3}\left(4\frac{2}{3}\right)$

⑦$\frac{28}{27}\left(1\frac{1}{27}\right)$　⑧$\frac{15}{4}\left(3\frac{3}{4}\right)$

30 分数と小数のわり算　63・64ページ

1 それぞれ順に
①7, 10, 7, 20, 21
②13, 100, 13, 100, 39, 200
③3, 1, 10, 1, 10, 7
④10, 3, 10, 1, 9, 10

2 ①$\frac{4}{3}\left(1\frac{1}{3}\right)$　②$\frac{21}{200}$　③$\frac{9}{20}$

④$\frac{2}{5}$(0.4)　⑤2　⑥$\frac{25}{9}\left(2\frac{7}{9}\right)$

⑦$\frac{7}{15}$　⑧$\frac{3}{2}\left(1\frac{1}{2},\ 1.5\right)$

💬アドバイス　小数は分数になおし,
わる数を逆数にしてかけ算だけの式に
なおしてから計算しましょう。

31 分数と小数・整数の混じった計算　65~66ページ

1 それぞれ順に
①13, 4, 1, 5, 3, 52, 45
②1, 2, 3, 1, 8, 3

2 順に　16, 1, 2, 5, 1, 1,
32, 5

3 ①$\frac{15}{4}\left(3\frac{3}{4}\right)$　②$\frac{5}{9}$　③21

④$\frac{2}{5}$　⑤$\frac{2}{3}$

4 ①$\frac{5}{4}\left(1\frac{1}{4}\right)$　②$\frac{3}{5}$

㉜ 算数パズル 67~68ページ

❶ ③（あらすかにいく）

ア $\frac{14}{3}$　イ $\frac{16}{5}$　ウ $\frac{9}{13}$　エ 40

オ $\frac{1}{6}$　カ $\frac{5}{6}$　キ $\frac{3}{2}$

❷ ③（いもうとがむく）

ア $\frac{1}{15}$　イ $\frac{11}{18}$　ウ $\frac{18}{25}$　エ $\frac{7}{3}$

オ $\frac{15}{4}$　カ $\frac{20}{21}$　キ $\frac{5}{6}$

㉝ 分数のたし算・ひき算 69~70ページ

1 それぞれ順に

① 5, 20, 4, 20, 9, 20

② 3, 12, 1, 4

③ 2, 15, 12, 4, 12, 2, 11, 12

2 ① $\frac{14}{5}\left(2\frac{4}{5}\right)$　② $\frac{26}{7}\left(3\frac{5}{7}\right)$

③ $\frac{13}{3}\left(4\frac{1}{3}\right)$　④ $\frac{26}{9}\left(2\frac{8}{9}\right)$

3 ① $\frac{2}{3}$　② $\frac{2}{3}$　③ $\frac{19}{20}$　④ $\frac{1}{8}$

⑤ $\frac{23}{24}$　⑥ $\frac{11}{18}$　⑦ $\frac{27}{8}\left(3\frac{3}{8}\right)$

⑧ $\frac{49}{12}\left(4\frac{1}{12}\right)$

⑨ $\frac{56}{9}\left(6\frac{2}{9}\right)$　⑩ $\frac{33}{20}\left(1\frac{13}{20}\right)$

⑪ $\frac{9}{2}\left(4\frac{1}{2}\right)$　⑫ $\frac{5}{3}\left(1\frac{2}{3}\right)$

⑬ $\frac{5}{3}\left(1\frac{2}{3}\right)$　⑭ $\frac{37}{24}\left(1\frac{13}{24}\right)$

アドバイス 分母がちがう分数のたし算やひき算では，通分してから計算します。

㉞ 分数のかけ算・わり算 71~72ページ

1 それぞれ順に

① 1, 5, 3, 25

② 1, 1, 1, 4, 1, 4

③ 1, 2, 5, 18

2 ① $\frac{3}{20}$　② $\frac{20}{33}$

③ $\frac{5}{4}\left(1\frac{1}{4}\right)$　④ $\frac{27}{20}\left(1\frac{7}{20}\right)$

3 ① $\frac{10}{3}\left(3\frac{1}{3}\right)$　② 12

③ $\frac{27}{20}\left(1\frac{7}{20}\right)$　④ $\frac{7}{18}$

⑤ $\frac{9}{4}\left(2\frac{1}{4}\right)$

⑥ $\frac{15}{28}$　⑦ $\frac{7}{2}\left(3\frac{1}{2}\right)$

⑧ $\frac{2}{9}$　⑨ 20

⑩ $\frac{9}{28}$

⑪ $\frac{27}{10}\left(2\frac{7}{10}\right)$　⑫ $\frac{9}{10}$

⑬ $\frac{27}{8}\left(3\frac{3}{8}\right)$　⑭ $\frac{2}{3}$

アドバイス 約分できないかと考えながら計算することが，大きな数の分数ではとくに大切です。

㉟ 3つの分数の計算 73~74ページ

1 それぞれ順に

① 1, 2, 1, 3, 2, 15

② 1, 1, 1, 3, 1, 2, 1, 6

2 ① $\frac{9}{70}$　② $\frac{2}{27}$　③ $\frac{8}{21}$　④ $\frac{4}{35}$

3 ① $\frac{27}{14}\left(1\frac{13}{14}\right)$　② $\frac{5}{6}$

③ $\frac{50}{9}\left(5\frac{5}{9}\right)$　④ $\frac{25}{63}$　⑤ $\frac{8}{5}\left(1\frac{3}{5}\right)$

⑥ $\frac{3}{10}$　⑦ 2　⑧ $\frac{3}{4}$　⑨ $\frac{1}{6}$

⑩ $\frac{3}{10}$

アドバイス 約分は1回だけとはかぎりません。もう約分できないかどうか，もう一度確かめることが大切です。

87

㊱ 分数と小数の計算 75~76ページ

1 それぞれ順に
① 3, 10, 9, 30, 29, 30
② 1, 3, 10, 21
③ 1, 25, 3, 175

2 ① $\dfrac{4}{5}$(0.8) ② $\dfrac{7}{20}$(0.35) ③ $\dfrac{7}{30}$
④ $\dfrac{7}{15}$

3 ① $\dfrac{5}{4}\left(1\dfrac{1}{4},\ 1.25\right)$ ② $\dfrac{3}{10}$(0.3)
③ $\dfrac{6}{5}\left(1\dfrac{1}{5}\right)$ ④ $\dfrac{8}{25}$ ⑤ $\dfrac{4}{15}$ ⑥ $\dfrac{1}{5}$
⑦ $\dfrac{15}{28}$ ⑧ $\dfrac{9}{35}$ ⑨ $\dfrac{4}{27}$ ⑩ $\dfrac{7}{12}$

⚟アドバイス $0.1=\dfrac{1}{10},\ 0.01=\dfrac{1}{100}$

から，小数を分母が10や100の分数
になおしてから計算しましょう。

3①　$\dfrac{1}{2}+0.75=\dfrac{1}{2}+\dfrac{\overset{3}{\cancel{75}}}{\underset{4}{\cancel{100}}}=\dfrac{1}{2}+\dfrac{3}{4}$

$=\dfrac{2}{4}+\dfrac{3}{4}=\dfrac{5}{4}\left(1\dfrac{1}{4}\right)$

②　$\dfrac{3}{5}-0.3=\dfrac{3}{5}-\dfrac{3}{10}=\dfrac{6}{10}-\dfrac{3}{10}$

$=\dfrac{3}{10}$

㊲ いろいろな分数の計算 77~78ページ

1 それぞれ順に
① 3, 10, 20, 30, 9, 30, 18, 30, 11, 30
② 9, 10, 1, 2, 1, 5, 18, 25

2 ① $\dfrac{9}{20}$(0.45) ② $\dfrac{7}{12}$ ③ $\dfrac{7}{30}$
④ $\dfrac{35}{36}$

3 ① $\dfrac{2}{15}$ ② $\dfrac{21}{40}$(0.525) ③ $\dfrac{7}{10}$

④ $\dfrac{7}{4}\left(1\dfrac{3}{4}\right)$ ⑤ $\dfrac{4}{21}$ ⑥ $\dfrac{3}{5}$(0.6)

4 ① $\dfrac{91}{30}\left(3\dfrac{1}{30}\right)$ ② $\dfrac{9}{4}\left(2\dfrac{1}{4},\ 2.25\right)$

⚟アドバイス　小数を分数になおして
計算します。

4① $2.6\times4.9\div4.2=\dfrac{26}{10}\times\dfrac{49}{10}\div\dfrac{42}{10}$

$=\dfrac{\overset{13}{\cancel{26}}\times\overset{7}{\cancel{49}}\times\overset{}{\cancel{10}}}{\underset{1}{\cancel{10}}\times\underset{5}{\cancel{10}}\times\underset{6}{\cancel{42}}}=\dfrac{91}{30}\left(3\dfrac{1}{30}\right)$

② $1.5\div1.4\times2.1=\dfrac{15}{10}\div\dfrac{14}{10}\times\dfrac{21}{10}$

$=\dfrac{\overset{3}{\cancel{15}}\times\overset{}{\cancel{10}}\times\overset{3}{\cancel{21}}}{\underset{1}{\cancel{10}}\times\underset{2}{\cancel{14}}\times\underset{2}{\cancel{10}}}=\dfrac{9}{4}\left(2\dfrac{1}{4}\right)$

㊳ まとめテスト 79~80ページ

1 ① $\dfrac{2}{9}$ ② $\dfrac{2}{5}$ ③ $\dfrac{3}{20}$ ④ $\dfrac{1}{9}$
⑤ $\dfrac{5}{3}\left(1\dfrac{2}{3}\right)$ ⑥ $\dfrac{1}{2}$ ⑦ $\dfrac{25}{7}\left(3\dfrac{4}{7}\right)$
⑧ 4 ⑨ $\dfrac{2}{5}$ ⑩ 5

2 ① 13 ② 27

3 ① $\dfrac{3}{28}$ ② $\dfrac{27}{4}\left(6\dfrac{3}{4}\right)$ ③ $\dfrac{14}{15}$
④ $\dfrac{4}{3}\left(1\dfrac{1}{3}\right)$ ⑤ $\dfrac{1}{6}$ ⑥ $\dfrac{3}{10}$
⑦ $\dfrac{3}{4}$ ⑧ $\dfrac{5}{2}\left(2\dfrac{1}{2}\right)$ ⑨ $\dfrac{2}{3}$ ⑩ $\dfrac{8}{9}$

4 ① $\dfrac{5}{8}$ ② $\dfrac{18}{5}\left(3\dfrac{3}{5}\right)$

⚟アドバイス

4① $1\dfrac{3}{4}\div\dfrac{14}{15}\times\dfrac{1}{3}=\dfrac{7}{4}\div\dfrac{14}{15}\times\dfrac{1}{3}$

$=\dfrac{7\times\overset{5}{\cancel{15}}\times1}{4\times\underset{2}{\cancel{14}}\times\underset{1}{\cancel{3}}}=\dfrac{5}{8}$

② $2.4\times1\dfrac{1}{20}\div0.7=\dfrac{24}{10}\times\dfrac{21}{20}\div\dfrac{7}{10}$

$=\dfrac{\overset{6}{\cancel{24}}\times\overset{3}{\cancel{21}}\times\overset{1}{\cancel{10}}}{\underset{1}{\cancel{10}}\times\underset{5}{\cancel{20}}\times\underset{1}{\cancel{7}}}=\dfrac{18}{5}\left(3\dfrac{3}{5}\right)$